财女养成课·会理财的女人才幸福

女人优雅一生的 投资理财必修课

李昊轩——编著

KNOWING HOW TO INVEST
AND MANAGE MONEY,
WOMEN CAN LIVE EASILY.

民主与建设出版社

图书在版编目（CIP）数据

女人优雅一生的投资理财必修课 / 李昊轩编著 . —
北京 : 民主与建设出版社 , 2018.7
ISBN 978-7-5139-2133-6

Ⅰ . ①女… Ⅱ . ①李… Ⅲ . ①女性—财务管理—通俗
读物 Ⅳ . ① TS976.15-49

中国版本图书馆 CIP 数据核字 (2018) 第 084578 号

女人优雅一生的投资理财必修课
NUREN YOUYA YISHENG DE TOUZI LICAI BIXIUKE

出 版 人　李声笑
编　　著　李昊轩
责任编辑　王　倩
装帧设计　润和佳艺
出版发行　民主与建设出版社有限责任公司
电　　话　（010）59417747　59419778
社　　址　北京市海淀区西三环中路 10 号望海楼 E 座 7 层
邮　　编　100142
印　　刷　大厂回族自治县彩虹印刷有限公司
版　　次　2018 年 7 月第 1 版
印　　次　2018 年 7 月第 1 次印刷
开　　本　880mm × 1230mm　1/32
印　　张　8
字　　数　210 千字
书　　号　ISBN 978-7-5139-2133-6
定　　价　45.00 元

注 : 如有印、装质量问题，请与出版社联系。

前言 Preface

“我的生活我做主”已经成为许多女性朋友的人生宣言。当然，在现代社会，想做一个独立自主的现代女人，你就必须要懂得投资理财。

无疑，当今的女性朋友在社会中拥有了比原来更多的权利，在职场中也拥有更体面的工作，收入丰厚。也有很多女性朋友找到了金龟婿，婚后过上了全职太太的生活，生活富足。遗憾的是，那些不懂或不善投资理财而又生活幸福的女人真的少之又少。而生活中那些擅长投资理财的女人，则更具知性美，在别人眼里更有魅力。

无论是单身白领，还是已婚女性，都应该尽早开始学习投资理财。学会合理安排好自己的收入和支出；学会储蓄，实现自己的原始积累，而不是任性消费导致自己成为“月光女神”；学会有效投资，发现更多创富途径，借助资本这块“魔方”，使自己积累财富的速度更快。

或许对于许多年轻的女性朋友而言，储蓄还是目前唯一的理财方式，即每月工资打到卡里，然后就放置不理了——这绝对不是积极的理财方式。如果你目前还处于这一阶段，那关于有效投资理财的理念、方式等知识，就确实需要加强学习了。

投资理财本身就是一种生活，它来自于生活的点点滴滴。投资理财也没有多复杂，无论是个人收入理财，还是家庭理财，或是教育理财、养老理财等，都是有章可循的。女人想要一生都拥有富裕而舒适的生活，就必须将理财作为一项长期的事业来打理。所以，不懂投资理财的女人一定要及时充电，已经懂得那些投资理财方法的女人则要精益求精。

本书里没有万灵丹式的投资策略。找到最好的投资理财规划就会成功——这个观点甚至催生了一个行业：只要我们擦亮眼睛，只要有高人给予适当的点拨，我们就能买到下一只热门股票或者对冲基金，介入下一个热门行业。可是有研究已经清楚地表明，这种策略每每让我们希望落空，我们没有那样的眼光，看不出哪家公司会是下一家谷歌。

本书将理财理念、理财方式、理财特点、理财风险一一呈现在读者面前。书中既有概念介绍又有投资建议，既有理论讲解又有案例分析，力求将知识性与实用性完美结合，真正做到了语言平实、深入浅出，是一本家庭理财必备图书。

如果你想成为一个名副其实的“财”女，那就不要只做“发财梦”了，从现在开始拿起理财的武器，通过对消费、储蓄、投资的学习和掌握，科学合理地安排自己的收入与支出，从而实现财富的快速积累，为你以后轻松、自在、无忧的人生打下坚实的基础，早日让你的生活变得更富裕、更独立，也更幸福。

女人就是要有钱，钱需要聪明地赚，更需要聪明地理，这是实现财务自由、幸福一生的必由之路！

不要傻傻地埋头干活，要记得让钱去给你“推磨”！

相信广大读者定能从本书中获益。

目录 Contents

上篇 解读财富的秘密，遇见优雅富足的自己

第一章

听故事，开启你的理财之旅 >>>>>>>>> 003

女人投资要趁早 // 004

小钱也能博得大收益 // 008

独辟蹊径，做精明理财女 // 012

通晓“洼地效应”，让你的钱包鼓起来 // 015

第二章

女人，你是否陷入了理财的误区 >>>>>>>>> 017

“我无财可理，等有了钱再说” // 018

钱是理出来的 // 022

第三章
树立正确的理财观，做一个攻守兼备的高财女 »»»» 025
投资靠脑子，并非靠运气 // 026
不要跟风，投资理财你做主 // 030
聪明消费，做新时代的“啬”女郎 // 034

中篇
传统投资理财：金融投资工具助你踏上“钱途”做财女

第四章
储蓄：严守金库，聪明的女人会存钱 »»»» 039
学会储蓄，赚得人生第一桶金 // 040
了解八大储蓄方法，选择适合自己的存钱方式 // 047
银行里的这些“坑”，你能识别多少 // 052

第五章
债券：无泡沫的稳健投资，让女人风险无忧 »»»» 057
债券，稳健投资者的首选 // 058
投资国债，强国富民 // 067
如何避免债券投资风险 // 071

第六章
基金：与其依靠男人，不如养只“金基”下金蛋 >>> 075
认识基金大家族 // 076
基金的认（申）购、赎回和转换 // 084
投资基金不可忽视风险 // 089

第七章
股票：女人天生会炒股 >>>>>>>>> 095
想成为炒股达人，股票知识不可少 // 096
如何选择一只好股票 // 105
掌握股票买卖的最佳时机 // 110
妥善控制股市风险 // 117

第八章
保险：学会买保险，为优雅系上安全带 >>>>>>>>> 123
给未来买保险，绝不会亏 // 124
根除错误观念，走出保险理财误区 // 133
保险也要买得“保险” // 137

第九章
黄金：永不过时的理财“稳压器” >>>>>>>>>> 141
影响黄金价格波动的因素 // 142

个人如何选择黄金投资品种 // 147

巧妙应对黄金投资风险 // 155

第十章

房产：房地产行业并不只是男人的俱乐部>>>>>>>>>161

买房，还是租房 // 162

看房子，主要看升值空间 // 166

首次买房需谨慎 // 171

如何买二手房 // 177

第十一章

子女教育：为孩子“理”出一个未来>>>>>>>>>181

教育理财，宜早不宜迟 // 182

教育储蓄，为孩子教育存钱 // 185

国家助学贷款，让贫困生顺利完成学业 // 188

第十二章

退休养老：合理规划养老金，退休生活有保障>>>>>>191

哪种养老方式最靠谱 // 192

尽早开启你的理财养老模式 // 198

下篇
互联网金融理财：小而美的微金融让女人更优雅

第十三章

余额宝：善用“宝宝”，小钱存入余额宝 >>>>>>>>> 203

排名第一的理财产品 // 204

余额宝的特点及风险控制 // 206

第十四章

理财通：操作方便，更具随心性 >>>>>>>>> 209

收益超活期12倍的理财产品 // 210

理财通的产品类别介绍 // 212

第十五章

百度金融：让女人平等便捷地获取金融服务 >>>>>>>>> 215

你的个人金融管家 // 216

百度理财投资精选 // 218

第十六章

京东小金库：京东金融整合支付业务 >>>>>>>>> 221

万份收益领跑各路“宝宝” // 222

京东小金库常见问题 // 224

第十七章
苏宁零钱宝：让女人花钱赚钱两不误 >>>>>>>>> 227
苏宁门店的“财富中心” // 228
苏宁零钱宝常见问题 // 230

第十八章
平安壹钱包：女人的万能电子钱包 >>>>>>>>> 233
壹钱包理财和保障 // 234
壹钱包消费及其创新产品 // 237

附录 >>>>>>>>> 239
小测试：女性的理财观念 // 239

上篇

解读财富的秘密，遇见优雅富足的自己

无论你是时尚的单身白领，还是成熟的已婚一族，作为一名女性，你不仅应该知道如何赚钱，还应该学会如何理财，这是女人智慧的体现。精明的女人要学会理财、善于理财，要掌握理财的方法，这是女人拥有优裕生活、亮丽人生所必需的生活技能！

第一章 听故事，开启你的理财之旅

〔美〕约翰·坎贝尔

投资不仅仅是一种行为，更是一种带有哲学意味的东西！

女人投资要趁早

从前，有一个非常爱下棋的国王，他棋艺高超，从未碰到过敌手。于是，他下了一道诏书说，任何人只要能赢他，自己就会答应对方任何一个要求。

一天，一个年轻人终于赢了国王。国王问这个小伙子要什么样的奖赏，年轻人要求的奖赏就是在棋盘的第一个格子放一粒麦子，在第二个格子中放两粒麦子，每一个格子中都是前一个格子中麦子的两倍，一直将棋盘的格子放满。

国王觉得这个要求很容易满足，于是就同意了。但国王很快就发现，即使将国库里所有的粮食都给他，也不够其要求的百分之一。因为即使一粒麦子只有一克重，也需要数十万亿吨的麦子才能将棋盘的格子放满。

从表面上看，年轻人的起点十分低，从一粒麦子开始，但是经过很多次的乘积，就迅速变成庞大的数字。这就是复利的神奇之处！

复利指的是每经过一个计息期，都要将所生利息加入本金，以计算下期的利息。这样，在每一个计息期，上一个计息期的利息都将成为生息的本金，即以利生利，也就是俗称的“利滚利”。如果年限越长，收益率越高，那么复利的效果就越明显。爱因斯坦甚至称复利是世界第八大奇迹。

复利不是投资产品，而是一种计息方式。举个例子：1万元的本金，按年收益率10%计算，第一年末你将得到1.1万元，把这1.1万元继续按10%的收益投放，第二年末是1.1×1.1=1.21，如此第三年末是1.21×1.1=1.331……到第八年就是2.14万元。

长期投资的复利效应将实现资产的翻倍增值。一个不大的基数，以一个即使很微小的量增长，假以时日，都将膨胀为一个庞大的天文数字。

比如，有人在1914年以2700美元买了100股IBM公司的股票，并一直持有到1977年，则100股将增为72798股，市值增到2000万美元以上，63年间投资增值了7407倍。按复利计算，IBM公司的股票价值63年间的年均增长率仅为15.2%，这个看上去平淡无奇的增长率，由于保持了63年之久，在时间之神的帮助下，最终为超长线投资者带来了令人难以置信的财富。但是，在很多投资者眼里，15.2%的年收益率实在是微不足道。大家都在持续高烧，痴人说梦：每年翻一倍很轻松——每月10%不是梦——每周5%太简单……要知道“股神”巴菲特所持股票价值的平均年增长率也只不过是20%多一点，但是由于他连续保持了40多年，因而当之无愧地戴上了世界股神的桂冠。

在复利原理中，时间和回报率正是复利的“车之两轮、鸟之两翼”，这两个因素缺一不可。时间的长短将对最终的价值数量产生巨大的影响，开始投资的时间越早，复利的作用就越明显。而且，通货膨胀会逐渐侵蚀收入的价值，长期把收入储存起来抵抗不了通货膨胀，而长期投资可以通过复利的“威力”克服通货膨胀。我们投资的资金可以年复一年地获得利息、股息或者资本利得，当我们将这些收益再次进行投资，它们还会产生额外的收益。

王女士和罗先生在同一家公司工作了35年，都是60岁，并且都在退休前进行了投资。

王女士在25岁时就开始进行投资，她在10年中每年投资5000元，每年收入8%。然后停止投资，但她原有的投资每年持续收入8%。在她60岁时，原有的50000元变成了496054元。

罗先生在35岁时才开始进行投资，他每年投入5000元，连续投资25年，每年收入8%，最终他的125000元的投资增值到365529元。

正如数字所显示的那样，王女士比罗先生早投资了10年，而且还少投资了75000元，但是她却比罗先生多收入130525元。

影响财富积累的因素有三个：一是具备增值能力的资本，二是复利的作用时间，三是加速复利过程的显著增长。显然，尽早开始投资并享受复利，是让资金快速增长的最好方式。

复利看起来很简单，但很多投资者没有了解其价值，或者即使了解但没有耐心和毅力长期坚持下去，这是大多数投资者难以获得巨大成功的主要原因之一。

按照复利原理计算的价值，成长投资的回报非常可观。如果我们坚持按照成长投资模式去挑选、投资股票，那么，这种丰厚的投资回报并非遥不可及，我们的投资收益就会像滚雪球一样越滚越大。现在小投资，将来大收益，这就是复利的神奇魔力。

“滴水成河，聚沙成塔”，只要懂得运用复利，小钱袋照样能变成大金库。生活中，常见的按复利计息的投资产品有电子式国债（或称储蓄国债）、货币基金等。而我们可以自行构建复利的可以是银行存款、银行理财产品、基金红利再投等。那么，我们利用复利投资需要注意哪几点呢？

（1）进行适当投资。对普通人而言，在当前降息的背景下选择银行定存，势必会影响复利的效应。所以，保持一个适当或者较高的收益率是关键。这就需要你根据自身的实际风险承受能力，进行合理的投资规划，进行多样化投资，才可能分摊风险并获得较高的收益。

（2）投资要趁早。时间越长，复利的效应越大。投资者最好是在有了工资收入后，就进行必要的投资理财。

（3）要保持持续较高或者稳定的收益水平。对一般投资者而言，把目标设定为10%～20%是比较理想的。

小钱也能博得大收益

我们以投资服装生意为例：假如你有1000元钱，就做1000元钱的生意，进价值1000元的服装可以卖出1600元，自己赚了600元，这就是你用本钱赚的钱，就是那1000元本钱带来的利润。

假如你计划从银行贷款10万元，使用一个星期，利息正好是1000元。这等于你用原来做衣服本钱的1000元买了银行10万元的使用权，用这10万元进货，卖出后得到14万元，你自己赚了4万元。这就是你用自己的1000元撬动了10万元的力量，用10万元的力量赚了4万元的利润。这就是一个杠杆的作用。

杠杆原理，亦称“杠杆平衡条件”。在重心理论的基础上，阿基米德发现了杠杆原理，即“二重物平衡时，它们离支点的距离与重量成反比”。阿基米德对杠杆的研究不仅仅停留在理论方面，而且据此原理还进行了一系列的发明创造。据说，他曾经借助杠杆和滑轮组，使停放在沙滩上的桅船顺利下水；在保卫叙拉古免受罗马海军袭击的战斗中，阿基米德利用杠杆原理制造了远、近距离的投石器，利用它射出各种石头攻击敌人，曾把罗马人阻于叙拉古城外长达三年之久。

杠杆原理也被充分应用于投资中，主要是指利用很少的资金获得很大的收益。杠杆常常用“倍”来表示大小。如果你有100元，投资1000元的生意，这就是10倍的杠杆。如果你有100元可以投资1万的生意，这就是100倍的杠杆。例如做外汇保证金交易的时候，就是充分地使用了杠杆，这种杠杆10倍、50倍、100倍、200倍、400倍的都有。最大可以使用400倍的杠杆，等于把你自己的本钱放大400倍来使用，有1万元就相当于有400万元，可以做400万元的生意了。这是非常厉害的了。

还有我们买房子时的按揭，也是使用了杠杆原理。绝大多数人买房子，都不是一笔付清的。如果你买一套100万元的房子，首付是20%，你就用了5倍的杠杆。如果房价增值10%的话，你的投资回报就是50%。那如果你的首付是10%的话，杠杆就变成10倍。如果房价涨10%，你的投资回报就是1倍，可见，用杠杆赚钱来得快。

金融杠杆简单说来就是一个乘号。使用这个工具，可以放大投资的结果，无论最终的结果是收益还是损失，都会以一个固定的比例增加。同样用那100万元的房子做例子，如果房价跌了10%，那么5倍的杠杆损失就是50%，10倍的杠杆损失，就是你的本钱尽失，全军覆没。例如，美国发生的次贷危机，其主要原因就是以前使用的杠杆的倍数太大。所以，在使用这个工具之前必须仔细分析投资项目中的预期收益和可能遭遇的风险。另外，还必须注意，使用金融杠杆这个工具的时候，现金流的支出则可能会增大，这时资金链一旦断裂，即使最后的结果可能是巨大的收益，投资者也必须要提前出局。

比如，买外汇或者期货，你交了5000元钱的保证金，杠杆是2倍，你就可以拿1万元钱进行投资，同时放大风险和收益，如果赔钱了，直接从你的保证金里扣，当你的保证金到了一个最低的比例之后，比如说70%，就是说你赔了1500元钱，还有3500元之后你就不可以再交易了。

当资本市场风向好时，这种模式带来的高收益使人们忽视了高风险的存在，许多人恨不得把杠杆用到100倍以上，这样才能回报快，一本万利；等到资本市场开始走下坡路时，杠杆效应的负面作用开始凸显，风险被迅速放大。对于杠杆使用过度的企业和机构来说，资产价格的上涨可以使它们轻松获得高额收益，而资产价格一旦下跌，亏损则会非常巨大，甚至超过资本，从而造成恶性循环，导致严重的经济危机。

金融危机爆发后，高“杠杆化”的风险开始为更多人所认识，企业和机构纷纷开始考虑“去杠杆化”，就是一个公司或个人减少使用金融杠杆的过程，把原先通过各种方式（或工具）“借”到的钱退还出去的潮流。

当然，并非杠杆比例越大，风险就越大，这也需要具体问题具体分析。做外汇、期货或者是其他涉及保证金交易的都会接触到杠杆，杠杆就意味着放大倍数，以小博大，少量的钱能控制大额的资本。在数值上杠杆等于保证金比例的倒数，比如美精铜的保证金比例是5%，那么其杠杆是20倍，国内的沪铜保证金比例是12%，其杠杆就是8.3倍左右，国外杠杆要比国内高。很多人一听到高杠杆就马上认为是高风险，其实高杠杆与高风险是没有关系的。风险只与你的持仓比与所做方向有关，你的持仓比超过了50%，称之为重仓，我们就说此时你风险很高。因为一旦行情反向变动，你的账户可以抵御风险的空间与回旋余地就越小，就很有可能爆仓出局。持仓比是指你账户中交易占用的资本占总资本的比例，未占用资本就是你的回旋空间。

以美精铜为例，在同等情况下试比较：

（1）保证金比例为5%，杠杆为20倍，总资本金为5万美元

买10手美精铜，每手开仓保证金4750美元，一共占用保证金4.75万美元，持仓比为94.5%，你只有2750美元的抵御空间，美精铜跳动一次0.05点是12.5美元，你还可以抵御220点的反向变动。

买4手美精铜，保证金比例为5%，持仓比为38%，你还有3.1万美元的未占用资本，可抵御2480点。

（2）保证金比例为15%，杠杆为6.6倍，总资本金为5万美元

同上，美精铜一手合约价值是25000磅×3.06美元/磅（现价）=76500美元，开仓一手保证金是76500×15%=11475美元，根本买不起10手，没有可比性。

买4手美精铜，保证金比例为15%，开仓一手占用保证金是11475美元，持仓比是91.8%，只有4100美元未占用资本，只能抵御328点。而杠杆为20倍的情形可以抵御2480点，谁的风险更小一目了然。

由此可见，同等条件下，杠杆越大，风险越小；风险跟杠杆没有直接关系，杠杆只是减少了你的占用保证金大小；风险与你的持仓比有关，持仓越重风险越高。

总之，我们在使用杠杆之前有一个更重要的核心要把握住，那就是成功与失败的概率是多大。要是赚钱的概率比较大，就可以用很大的杠杆，因为这样赚钱快。如果失败的概率比较大，那根本不能做，做了就是失败，而且会赔得很惨。

独辟蹊径，做精明理财女

一般的商业理念是，消费者少，利润肯定不高。日本的一位钻石商人却颠覆了这一观点，他认为，钻石主要是高收入阶层的专用消费品，普通大众很难消费得起。但让大多数人忽略掉的一个问题是，一般大众和高收入人数的比例约为8：2，但他们拥有的财富比例却是2：8。这个日本商人正是看中了这点，他决定拓展自己的钻石生意。

他来到东京的S百货公司，要求获得一个展位推销他的钻石，但经理认为在普通的百货公司销售昂贵的钻石根本就不靠谱，断然拒绝了他的请求。

但商人没有退缩，他跟经理谈到了自己计划的可行性。最终，经理被他打动了，但仍然只是准许商人在郊区的M店试运营一段时间。M店远离闹市，顾客极少，但这位商人对此并不过分担忧。他坚信，钻石毕竟是高级的奢侈品，是少数有钱人的消费品，生意的着眼点首先得放在那些握有大多数财富的少数人身上才行。

事实证明这名商人眼光的独到，开张没多久他就在M店取得日销售6000万日元的销售额，这大大突破了一般人认为的500万日元的销售额。当时正值圣诞节，商人为了吸引顾客，和纽约的珠宝行联络，运过来各式各样的钻石，深受顾客的欢迎。接着，商人又开设了十几家钻石连锁店，生意异常火爆。

商人的钻石生意成功了，奥秘究竟在哪里呢？就在于“二八定律”。

二八定律，也叫巴莱多定律，是19世纪末20世纪初意大利经济学家巴莱多提出的。他认为，在任何一组东西中，最重要的只占其中一小部分，约20%，其余80%的尽管是多数，却是次要的，因此又称“二八法则”。习惯上，二八定律讨论的是顶端的20%，而非底部的80%。

犹太人也认为，世界上许多事物，都是按78：22这样的比例存在的。比如空气中，氮气占78%，氧气及其他气体占22%；人体中的水分占78%，其他为22%；等等。今天，人们惊奇地发现，二八定律几乎适用于生活的方方面面，那些20%的客户给你带来了80%的业绩，也可能是创造了80%的利润；世界上80%的财富是被20%的人掌握着，剩下80%的人只掌握了20%的财富；公司的事情有20%的事情是重点问题，这20%的事情可能决定了80%的结果。

因此，当你决定投资理财的时候，眼光一定要独到。“不要把你所有的鸡蛋都放在一个篮子里”，这个曾获诺贝尔奖的著名经济学家詹姆斯·托宾的理论，已经成为众多老百姓日常理财中的“圣经”。但二八定律却要求尽量把80%的“鸡蛋”放在20%牢靠的“篮子”里，然后仔细地盯紧它，这样才可能使有限的资金产生最大化的收益。之所以这样说，是因为在当前经济条件下，许多理财产品都是同质的。这也就意味着如果选择了同质化的理财产品，那么你所面临的系统风险是一样的，这样不仅达不到分散资金的目的，反而可能会加大风险。譬如，你投资了某债券，又去买了某债券基金，此时一旦债券市场发生系统风险，你的这两个投资都会发生损失。

当然，投资理财也必定会面临一定的风险，投资者要想获得比市场高20%的收益，就将付出比一般银行储蓄多80%的风险。比如说银行一年定期利率高于活期利率，就是对流动性风险的补偿。了解了这个原理，你在选择日常理财产品时，就应对高收益品种保持一份谨慎，特别是那些不符合目前规定的理财品种，其高收益的背后，是对信用风险的补偿。收益越高，代表其发生信用危机的可能性就越大，这种信用风险实际上就是转嫁了处罚它的违规成本。

此外，对某些金融机构推出的保本理财产品也要加以足够的重视。目前这类保本理财产品在实际运营过程中基本上都需要封闭一段时间，在这段时间内你就要面临利率风险、通货膨胀风险、流动风险等。对此，投资者要有明确的认知。

通晓“洼地效应”，让你的钱包鼓起来

洼地，顾名思义即中间低四周高的自然地形，如同水往低处流一样，资金也会向交易成本低的地方集中，这在经济学中被称作“洼地效应”。从经济学理论上讲，“洼地效应”就是利用比较优势，创造理想的经济和社会人文环境，使之对各类生产要素具有更强的吸引力，从而形成独特竞争优势，吸引外来资源向本地区汇聚、流动，弥补本地资源结构上的缺陷，促进本地区经济和社会的快速发展。简单地说，指一个区域与其他区域相比，具有更强的吸引力，从而形成独特的竞争优势。资本的趋利性，决定了资金一定会流向更具竞争优势的领域和更具赚钱效应的“洼地”。

在当下中国，房地产物业作为主要的投资手段，不仅是保值增值的载体，还是规避通货膨胀的主要手段。对房地产来说，“价格洼地”是促进房地产销售的主要因素之一。所以说，只要洼地存在，房地产就有上涨的空间。当然在房地产实际开发中，所谓的“洼地”也可能是市政中心、城市广场或历史建筑区等对于区域价值有提升作用的区域。

从纯经济学的角度来讲，在市场经济条件下，资本也是由以前的资金、劳动力、技术和资源相结合而产生的，作为生产要素之一，它分得

利润也是天经地义的。尤其是在技术专利也能参股的今天，按劳分配和按资分配相结合也不再是一个陌生的话题。资本的拥有者正是看到了当地的比较优势，并从比较优势中看到了获取高额利润的可能，才会把资本投向这个地方而不是另外的地方。能获取相对于其他地方高得多的利润，这就是“洼地效应”形成的动力之源。

对于投资者来说，如何才能在市场上找到真正的“洼地”，获得投资的巨大收益呢?

（1）某些从事实体产业的公司，其经营方向和经营业绩在一段时间内长期稳定，在危机中不但没遭受重创，还能迅速翻身挺过来的公司股票，则属于“洼地”的投资目标。

（2）虽然不是时下热门的炒作概念，但关乎国计民生的股票。例如，属于人民大众最重要的吃饭问题的粮食和农业概念股，是可以而且必须持续发展的永恒产业。如果其业绩和发展预期良好，而且没有被爆炒过，则属于价值洼地，非常具有投资价值。

（3）关注那些属于国家规划扶持发展，真正生产与科研结合，有能力、有规模和实力的企业，因符合全球人类革新方向，在不远的将来会影响到后续人类的生产、生活方式。投资这类企业必然会有良好的投资回报，当然必须要有一定的耐心。

至于那些金融、房地产等热门类公司股票，虽然当今炒作盛行，但其产业政策受宏观政策干预波动大、经营业绩也不稳定；还有那些属于不可再生资源领域的公司股票，其价格已严重背离价值本身，一旦新能源经济逐渐步入历史舞台，其炒作空间必将受到严重压制，这也是需要广大投资者加以足够重视的。

第二章 女人，你是否陷入了理财的误区

〔美〕洛克菲勒

若你赚500元花400元的话，它会带给你满足感，但相反，如果赚500元却要去花600元，那么生活就会悲惨起来的。

“我无财可理，等有了钱再说”

我们都会把各自对金钱根深蒂固的观念、习惯和感受带到家庭关系中。多数人在这样的家庭观念中长大：金钱不是我们在文雅人面前谈论的话题。所以，我们几乎没有受到过谈论金钱话题的相关教育，不知道怎么谈论或者处理与理财密不可分的情感问题。

尽管处于“负利率”时代，但是在观念中认为“更多储蓄最合算”的百姓仍然占到了38.5%。显然，这种观念和中国传统的谨慎、保守的金钱观是分不开的。

生活中还有这样一种观念，认为理财是有钱人应该考虑的事情，有钱人才需要理财。在很多人的脑海中，一说到理财就会联想银行理财顾问为有钱人汇报每年的资产收益。就像和很多年轻人聊起理财的话题，最常听到的说法就是“我无财可理”。乍一听，似乎觉得年轻人刚刚从学校毕业，理财好像离他们很遥远，真的是这样吗？

有些人认为，理财等于打理钱财，有财才可以理，但自己那点积蓄根本不够理财的“资格”，理财是有钱人的事。这种想法是极其错误的，赚大钱的梦想不是一天就可以实现的，即使富翁的钱也是从小钱攒起的，工薪阶层则更需要理财。事实上，越是没钱的人越需要强化自己的理财观念。譬如你身上仅有1万元人民币，但因为理财错误，造成财产损失，你的生活很可能会出现许多问题。而对于那些拥有百万、千万、上亿“身价”的有钱人而言，即使理财失误，损失部分财产也不会对其生活造成质的影响。因为对于有钱人来说，诸如子女教育、治病就医等在普通人看来非常“烧钱”的开支项目，他们都能轻松解决，不会给家庭财务造成很大负担。但是对于工薪阶层来说，面对教育、购房、养老等现实问题，在没有钱的情况下，就需要更加积极地理财，增加资产性收入，通过理财来实现资产的保值和增值。

因此，必须先树立一个观念，不论贫富，理财都是伴随人生的大事，而且越是收入低的人就越输不起，对理财更应以严肃而谨慎的态度去对待。

小王，本科毕业，参加工作刚半年，每月的工资是2600元；小刘，专科毕业，也是刚刚参加工作，每月工资是1500元。他们在生活支出上基本差不多，都是单身，除去一些基本消费，其他的也只是偶尔和朋友一起聚会的消费支出。

如果单纯按照收入来比较的话，小王每月的收入比小刘多，他应该比小刘更具备理财的条件。可事实并非如此：他们俩人的工资均是每月月初单位开支，结果半年后，小刘存了3300元，小王存了600元不到。

很奇怪的现象吧？既然生活开支基本上类似，而收入更高的小王半年之后却只存下了600元。这并不是因为小刘有其他的收入，而是小刘更懂得计划自己的收入和支出。让我们来分析一下他们各自的具体财务情况：

小王在衣食住行上的开销都要高出小刘，除去这些基本消费，在旅行、健身、购置自己喜爱的电子产品方面还有一笔支出，粗略算下来，基本消费加上娱乐消费，小王的2600元月收入所剩无几。

而小刘虽月收入不高，但一切从简，基本消费只有800元，又没有抽烟、喝酒等其他嗜好。加上其他消费，小刘每月的开销大概在900元左右，半年能节余3600元，除去一些别的开销，小刘半年下来存了3300元。

也许有人会认为小刘这样做只是节约而已，只要小王也能节约一点，半年下来存款一定会比小刘多。有人甚至会批评小刘的做法太抠门儿，而认为小王的做法更为潇洒。如果你也有这样的想法，就需要改变思维了。任何一个懂得理财的人都知道，收入高低和理财能力两者是无关的事情。

没乱花钱，但每月几乎“月光”；总是在省钱，可为什么存折里的钱还是那么少……如果这也是你的感受，那你就需要学习理财新技能：如何让小钱变大钱。

其实，在我们身边，一般人光会叫穷。时而抱怨物价太高，工资收入赶不上物价的涨幅，时而又自怨自艾，恨不能生在富贵之家，或有些愤世嫉俗者更轻蔑投资理财的行为，认为那是追逐铜臭的“俗事”。殊不知，这些人都陷入了矛盾的思维当中——一方面深切体会金钱对生活影响之巨大，另一方面却不屑于追求财富。

可见，对于活在现实中的我们而言，既知每日生活与金钱脱不了关系，就应该正视其实际的价值。当然，若是过分看重金钱亦会扭曲个人的价值观，成为金钱的奴隶。

1000万元有1000万元的投资方法，1000元也有1000元的理财方式。对于绝大多数的工薪阶层而言，理财之路可以从储蓄开始，可以先按照这样的计划进行：无论你的收入是多少，每月都将收入的10%存入银行，而且保持“不动用”“只进不出”的情况，这样才能为聚敛财富打下一个初级的基础。假如你每月薪水中有500元的闲散资金，在银行开立一个零存整取的账户，利息不计算在内，20年后仅本金一项就达到了12万元。由此可见，“滴水成河，聚沙成塔”的力量不容忽视。

总而言之，对于年轻的女性朋友而言，不要总是说自己没有本钱，只要善于利用小钱，方法得当，随着时间的推移，自然会显示出其惊人的效果。年轻人在理财的过程中，最容易犯的错误就是好高骛远，总在幻想自己能一夜暴富，而理财是以后的事情。其实不然，只有在脚踏实地慢慢地积累和投资的过程中，不断提高自己的理财能力，才是正确的观念。从现在开始理财，别拿没钱当借口，其实你可以理财，这是你人生中最不该逃避的一课。

钱是理出来的

一些事业成功的高收入人群认为自己根本不必费心去理财，努力赚钱才是根本，赚多少花多少。这其实是一个开源和节流的问题。理财本身就涵盖这两个问题，仅从开源方面理解也不错，但是一个人再成功也不可能无限制地开源，在无法开源的情况下就得压缩不必要的开支来达到自己的经济目标。

另外，钱越多越需要打理，对挣到手的钱更应该进行合理的投资和规划。这样才能增强你和家庭抵御意外风险的能力，也能使你的手头更加宽裕，生活质量更高。

财富积累必须要靠资本积累和资本运作。对普通人来讲，靠工资永远富不起来，只有通过有效的投资，让自己的钱流动起来，才能较快地积累起可观的财富。

一般来说，创造财富的途径有两种主要模式：第一种是打工，目前靠打工获取工薪的人占90%左右；第二种是投资，目前这类群体占总人数的10%左右。

一些专业人士对创造财富的两种主要途径进行了分析，发现了一个普遍的结果：如果靠投资致富，财富目标则比打工的要高得多。例如，具有“投资第一人”之称的亿万富豪沃伦·巴菲特就是通过一辈子的投资致富，财富达到440亿美元。还有沙特阿拉伯的阿尔萨德王储也通过投资致富，他才50岁，但早在2005年，他的财富就已达到237亿美元，名列世界富豪榜前五名。

通常来说，在个人创造财富方面，打工的财富积累能力十分有限，但打工所要求的条件和“技术含量”较低，而投资创业需要有一定的特质和条件，因此绝大多数人还是选择打工并获取有限的回报。但事实上，投资是我们每一个人都可为、都要为的事。从世界财富积累与创造的现象分析来看，真正决定我们财富水平的关键，不是你选择打工还是创业，而是你是否选择了投资，并进行了有效的投资。

通用电气前总裁杰克·韦尔奇号称“打工皇帝”，他年薪超过千万美元。巴菲特是世界“投资第一人”。我们可以通过这两个典型人物的财富对比，来揭示打工致富与投资致富的区别。巴菲特40多年前创建伯克希尔·哈撒韦公司的时候，仅投入1500万美元，后来通过全球性、多样性的投资，成为世界上最有钱的人之一。韦尔奇拥有超过4亿美元的身价，与巴菲特的440亿美元财富相比，就显得太少了。可见致富方式选择的差别，最终决定了韦尔奇与巴菲特的财产之间存在着遥远的差距。

贫富的关键在于如何投资理财。巴菲特说过：“一生能积累多少财富，不取决于你能够赚多少钱，而取决于你如何投资理财。”亚洲首富李嘉诚也主张：“20岁以前，所有的钱都是靠双手勤劳换来的，20岁至30岁之间是努力赚钱和存钱的时候，30岁以后，投资理财的重要性逐渐提高。”李嘉诚有一句名言：“30岁以前人要靠体力、智力赚钱，30岁之后要靠钱赚钱（即投资）。”钱找钱胜过人找钱，要懂得让钱为你工作，而不是你为钱工作。为了证明“钱追钱快过人追钱”，一些人研究起了和信企业集团（台湾排名前五位的大集团）前董事长辜振甫和台湾信托董事长辜濂松的财富情况。辜振甫属于慢郎中型，而辜濂松属于急惊风型。辜振甫的长子，台湾人寿总经理辜启允非常了解他们，他说：“钱放进我父亲的口袋就出不来了，但是放在辜濂松的口袋就不见了。”因为，辜振甫赚的钱都存到银行，而辜濂松赚到的钱都拿出来做更有效的投资。结果是，虽然两人年龄相差17岁，但是侄子辜濂松的资产却遥遥领先于其叔叔辜振甫。人的一生能拥有多少财富，不是取决于你赚了多少钱，而取决于你是否投资、如何投资。

当然，投资有风险，未必能致富，但是如果你不投资，则致富的机会为零。投资理财最重要的观念、最有价值的认识是：投资理财可以致富。

有了这种观念和认识至少可以让你有信心、有决心、充满希望。不管你现在拥有多少财富，也不管你一年能省下多少钱、投资理财的能力如何，只要你愿意，你都能利用投资理财来致富。

第三章
树立正确的理财观，做一个攻守兼备的高财女

〔古希腊〕苏格拉底

如果你能像需要空气那样需要获得财富，那你一定能获得财富。

投资靠脑子，并非靠运气

2014届巴西世界杯赛上最令人瞩目的比赛之一是德国对阿根廷的淘汰赛，两只顶尖球队在八分之一决赛相遇，经过120分钟的拉锯战后双方打成了1：1，这时全场的观众感到快要窒息了，因为双方就要进行惊心动魄的点球大战。德国队门将莱曼扑出了2个点球，德阿点球大战以德国5：3的结局收场，德国队昂首进入了半决赛。

赛后，当人们翻看录像时发现了一个小细节，莱曼每次出赛之前必从右腿球袜中掏出一张纸条，然后就信心十足地上了球场。事后，德国队承认这张纸条是德国守门员教练科普克在点球大战前亲手交给莱曼的，上面有阿根廷队最有可能主罚点球的名单以及他们的射门习惯。令人叹服的是，科普克所写的与实际情况完全一样。罚点球被德国人算计得如此精准，在此之前，大多数人认为扑出点球只能靠运气，但是德国人用自己超乎寻常的勤奋和执着精神将一件看似没有规律的事情总结出规律来，这一点不得不让人敬佩。正如足球皇帝贝肯鲍尔所说的一样，德国队在世界杯中点球不败靠的不是运气，而是事前的精心准备和在赛场上一颗勇敢的心。

在投资这个赛场上，有很多人将自己的投资业绩归咎于运气，尤其是股市调整时，许多投资者唉声叹气、愤愤不平：“为什么我的运气这么差，一买股票就下跌！”而真正的投资大师从来就不承认运气对投资有作用，巴菲特最著名的演讲《价值投资为什么能够持续战胜市场》中将那些靠运气投资的人讽刺为猩猩掷硬币。

一个成功的投资者所依靠的并不是一个独特的技术指标，也不是非常精准的技术面分析，而是正确的操作理念和方法，尊重趋势，顺势操作，避免武断，积小胜为大胜，这样才能跻身赢家之列。

事实上，就算是名人、成功人士，遇到自己不熟悉的行业时，往往也是手足无措。美国作家马克·吐温曾经经过商。第一次，他从事打字机的投资，因被人欺骗，赔进去19万美元；第二次办出版公司，因不懂经营，又赔了10万美元。两次共赔进去将近30万美元，欠了一屁股债。他的妻子，深知丈夫没有经商的才能，却有文学上的天赋，于是就帮助他鼓起勇气，振作精神，重新走上创作之路。终于，马克·吐温很快摆脱了失败的痛苦，在文学创作上取得了辉煌成就。

著名科学家牛顿也曾炒过股票，当他认为达到高点卖出时，股票仍在继续上涨，难以忍受巨大利益的诱惑，他回头又买入，结果很快大跌，使这位著名的科学家损失惨重。最后，他不得不发出这样的哀叹：“我能计算出天体的运行轨迹，却不能计算出人心是多么的疯狂。”

著名经济学家弗里德曼，曾获得过诺贝尔奖。其所获奖金颇为丰厚，若用来投资，即使最保守的一只基金，那么弗里德曼也会身价过亿。然而事实上，他并没有跻身亿万富翁的行列。

没有一个人的钱是凭空得来的，人生的诀窍就是经营自己的长处，这是因为经营自己的长处能给你的人生增值，经营自己的短处则会使你的人生贬值。切忌抱着碰运气的态度去理财，一旦失去了冷静的头脑，就很难把握住自己的投资方向和投资额，很容易成为投资浪潮中的牺牲品。

对于年轻的女性朋友而言，财富不是天上掉下来的馅饼。不要错把投机当成投资，有些要靠运气才能赚钱的行当最好不要轻易涉足，在还没有弄清一项投资的真实情况时不要轻易投入。在投资的时候，一定要保持理智的头脑，不要被一时的利益冲昏了头。

近年来，常有一些自称专家的人在各种媒体上发布类似消息："在未来若干年内，某某类型的产品将更符合时代的要求，成为引领消费潮流的主导力量。"总会有很多人认为机不可失，在未进行市场调查时，就赶紧投资这类产品。面对周围人疑惑的目光，他们总会振振有词道："这可是某某专家说的，绝对不会错。"所以，一年到头总会有许多这样那样的专家在媒体上"指点江山"，也总会有许多后悔听了专家的话而投资失败的人。

在复杂的市场面前，要求投资者保持理性的决策是一件非常困难的事情。很多投资者眼看着别人赚钱而忍不住扑进市场，然而缺少信息和技能往往使得他们放弃自己的独立判断，转而任由市场摆布，将自己的资金交托给运气，结果在市场里亏了钱。我们必须要知道，投资从来不靠运气。正确的投资理财观念，总结起来可以归纳为四点：

（1）理性。人之所以会被命运戏弄，更多时候是被人性中贪婪、恐惧或愚蠢的想法所误。于是，在不合理的预期下，投资人必然会一步步走入陷阱。因此，在进入市场之前必须要战胜自己，必须要学会抵抗人性的弱点。

（2）学习。研究市场和上市公司，学习相关的财务、金融等专业知识，阅读大量的公司年报、相关报道分析，对上市公司做精确的价值分析和判断，这才是投资获利的基础。

（3）方法。成功的投资者总是在分析和总结市场的规律，在总结前人经验的基础之上，摸索总结出适合自己的投资方法。

（4）坚持。让时间来战胜市场几乎是每一个投资大师的不二选择，没有哪个大师会指望第二天便获利。

不要跟风，投资理财你做主

在自然界中，羊群是一种很散乱的组织，平时在一起也是盲目地左冲右撞，一旦有一只羊动起来，其他的羊也会不假思索地一哄而上，全然不顾前面可能有狼或者不远处有更好的青草。在生活中，我们也经常不经意地受到羊群效应的影响。

经济学中经常用羊群效应来描述经济个体的从众跟风心理。因此，羊群效应就是比喻人都有的一种从众心理。从众心理很容易导致盲从，而盲从往往会陷入骗局或遭到失败。最常见的一个例子就是很多投资者很难排除外界的干扰，往往人云亦云，别人投资什么，自己就跟风而上；而同伴的消费行为也会对自己的消费产生心理和行为上的影响。他们凭着与生俱来的模仿能力仿效他人固有的做法，而这种做法是否适合自己却不在他们的考虑范围之内。这就好比是吃饭，每个人的口味不同，始终点和别人一模一样的套餐，永远也找不到适合自己的口味。

对于理财，不要别人说好就认为是真的好，这是一种非常盲目的从众心理。跟风的人往往没有主见，没有自己的思考，是价值观的一种迷失。就算你看到别人投资某个项目赚了钱，就抱着“别人能赚钱，我也能赚钱”的心态去投资，结果不赚反赔。这是因为这些人根本不了解所投资的对象，也没做认真的分析，就像马术比赛，骑师再优秀，马儿不配合也不行。适合别人骑的马不一定适合自己。

2015年，跌宕起伏的股市，让一众股民操碎了心。前一天股票出现陡崖式跌停，惨绿一片；可刚过一两天，股市就强力反弹。跌跌涨涨的股指，如同让股民们坐上了过山车一般。作为资深股民的王女士面对震荡的股市在总体小有收益时选择了退出。当时基金市场也同样火爆，有人劝她买点基金，可是鉴于对基金不太了解，所以当时并没有选择买入。

过了一些天，王女士拿着几万元钱到银行存钱，想为即将高考的儿子提前准备学费。到银行一看，有一个窗口前排着长长的队伍，其中不乏中老年人。经过询问才知道这些人是在排队认购一款基金，一位热心的大娘劝她也买一些，就连银行的工作人员也说把钱存起来不如买点基金，不会赔钱并且比银行存款利息高。孟女士看到眼前这火爆的场景，当即决定开户，把手上的钱全部投在了这款基金上。

从这之后，定期查看基金净值成了王女士工作之余的乐趣，看到净值每天一点点上涨，她感觉自己当初听从他人的建议是对的，没想到炒基金也没什么难的嘛。然而，时隔不久，风云突变，股市的大幅振荡使得基金净值也在大幅滑坡，王女士投资几万元钱买的基金不但没有赚到钱，而且还亏了不少。她开始为自己的盲目投资感到懊悔，特别是每次面对儿子的时候，内心更是充满了自责：“孩子的学费就这样被我套在了基金上。”

“随大流”和“听别人推荐”是投资行为中很常见的现象。听说养花挣钱，家家都养郁金香；听说养狗挣钱，家家又都养藏獒。结果最终个人赔钱，整个行业也垮了。这种行为无疑是投资大忌，尤其是对于一些新手而言，他们尚未掌握基本的投资知识，只是听别人随口一说，就急于开始投资，并且对周围一些收益较好的投资者、专业证券机构有一种盲目的信任和崇拜心理，这都是非常不理智的。

任何投资行为都存在一定的风险，投资者只有在了解自己、了解市场的基础上才能做出正确的投资决策，任何盲目听从他人意见或者随大流的行为，非但不能降低投资风险，而且还会给自己带来更大的损失。其实，大家都在为一个自以为赚钱的目标蜂拥而上时，运用逆向思维，寻找新的目标不失为明智之举。

19世纪中叶，美国加州传来发现金矿的消息。一时间，大批淘金者蜂拥而至，赶到加州。17岁的小农夫默亚利也加入了这支庞大的淘金队伍。淘金梦是美丽的，做这种梦的人很多，而且还有越来越多的人加入进来，一时间加州遍地都是淘金者，金子自然越来越难淘。加州当地地处沙漠，生活艰苦，水源奇缺，致使许多淘金者因此丧生。默亚利也被饥渴折磨得半死，一天，他望着水袋中仅剩的一点儿水，听着周围人对缺水的抱怨，默亚利突发奇想：淘金的希望太渺茫了，还不如卖水呢。

于是，默亚利将手中淘金的工具换成了挖水渠的工具，从远方将河水引入水池，再用沙子过滤，成为可以饮用的清水。接着，他就将水灌进水桶，挑到淘金地一壶一壶地卖给了淘金的人。结果，最终大批淘金者都空手而归，而默亚利却在很短的时间依靠把几乎无成本的水卖出去，赚到了6000美元，这在当时可是一笔巨额财富。

华尔街有一句名言：“行情总在绝望中诞生，在犹豫中发展，在乐观中消失。”市场上群众的反应将会牵动个体，但契机往往容易被忽略。跟风是投资理财的大忌，要想赚钱，就要改变这种跟风的习惯，以自己清醒的头脑，抓住有利的商机，去做敢于吃螃蟹的第一人。

对于年轻的女性朋友而言，要想成为理财高手，必须要克服爱攀比、好面子、趋同的社交等毛病，克服自己的从众心理。在日常消费中时刻注意，让自己的理财能力体现在生活中的方方面面。

聪明消费，做新时代的“啬”女郎

林和妻子在同一家企业工作，收入只能算中等偏下，他们在扣除个人所得税、公积金、各种保险后，俩人的月总收入只有5000多元（不包括住房公积金）。夫妻俩最大的心愿就是能够拥有自己的房子，于是他们在花钱时计算的单位不是元，而是多少平方米的房子。例如，一顿饭花了七八十元钱，妻子就会说：“咱们家的房子又被我们吃了将近0.01平方米。”对于存钱，夫妻俩坚持每个月存入2500元，雷打不动，再加上二人的住房公积金，大约3年后便能存够买房的首付。而剩下的2500元便作为生活费，清单如下：

房租800元；伙食费1000元（早饭在家自己做，不超过5元；中午到单位附近的大学食堂吃，俩人不超过20元；晚饭回家自己做，不超过10元；周末偶尔改善下生活）；交通费200元；手机费100元；其余，如置装费用尽量购买打折货，妻子一般只买必需的护肤品，尽量避免外出应酬的计划外开销。

不可否认，上述案例中夫妻两人的收入不是很高，但生活中一切从简，并得到坚定的实施，相信随着时间的推移他们也会距离自己的理财目标越来越近。

事实上，真正的有钱人都能正确地对待金钱。普通人之所以羡慕有钱人，其中的一个原因是在他们的想象中，有钱人一定都过着挥金如土、享尽荣华富贵的奢侈生活。然而，真正的有钱人往往是勤俭持家、毫不浪费的人。在生活中，注重节俭，多留心一些信息，多动一些脑筋，就能找到一份惊喜。

（1）银行的升息幅度再小，也要坚持存款，不断从薪水中拨出部分款项，5%、10%都可，反正一定要存；另外，如有投资股票外汇等行为，则要量力而行。

（2）学会理财。可供选择的投资产品除储蓄外，还有国债、保险、基金、股票、外汇及黄金等多种。若仅凭你个人的能力很难把握好自己的投资选项，如果单纯选择储蓄或保险，年收益率将不会超过2%；盲目跟风炒股将冒很大风险。如果到银行或保险公司找专业人士，让他们根据你的现有资产、预期收支、家庭状况及个人投资偏好等设计一套投资组合方案，既能规避风险，又能提高收益率。如果实在不行，就考虑从网上下载功能齐全的理财软件，它会帮助你弄清楚你的钱每天、每周、每月都流向了哪里，并列出详细的预算与支出。

（3）对普通人而言，最值钱的家产恐怕就是房屋了。如果能抓住机会，适时购买一套属于自己的房子，或许一步就能跨入中产阶层的行列。事实上，就算房价再高，前景再不明朗，若你连续6个月每月置衫费超过自己薪水的一半，但还没有自己的房产，这时你就应该考虑买房了，否则你的房子只会被衣服、鞋子一平方米一平方米地吞掉。

（4）信用卡只保留一张，欠账每月必须还清。

（5）养成去超市大宗购物前研究每月超市特价表的好习惯，如果货品正符合你的需要，那么上面的特价品往往是最值得你购买的。

（6）凡消费皆要养成索要、保留发票的习惯，并即时检查、核对所有收据，看看商家有没有多收费，就餐和在超市大批量购物时尤其要注意这点。

（7）学会利用“联合”方式省钱。比如，你需要购买某种产品或服务，完全可以多联合几个人共同购买，利用人数优势与商家砍价，从而达到省钱的目的；寻找坐“顺风车”或载“顺风人”上下班的机会，节省停车费、汽油费、保险费及找停车位的时间。

（8）学会利用公用设施省钱。现代城市的公用设施如公交、通信及救助设施都很完善，不论是在本地，还是出差到外地，若善于利用、巧于利用城市的公用设施，就能省下一笔不小的开支。

中篇

传统投资理财：金融投资工具助你踏上“钱途”做财女

对于不少女性朋友而言，银行似乎是她们唯一的理财渠道。其实，除了储蓄之外，债券、基金、股票、保险等多种金融投资理财工具都可供选择，使你的财富保值增值。总之，你的钱不一定都要放在工资卡里，你也不再仅仅只是依靠工资收入，完全可以靠钱生钱，通过精心的规划让你手中的“睡钱”变成“活钱”，给你带来更大的收益。

第四章
储蓄：严守金库，聪明的女人会存钱

［中］曾子墨

如果一点钱也没有，生活不会快乐；如果有很多钱，也不一定会很快乐。钱是一个必要条件，而不是一个充分条件。

学会储蓄，赚得人生第一桶金

平常我们所说的攒钱指的就是储蓄，当收入超过支出时就会有储蓄产生，而每期积累下来的储蓄就成为你的资产。这笔钱可以用来作为紧急预备金，以备失业或不时之需，或者积少成多用来购置自用的房屋、自用车等资产，还可以用来购买各种理财产品。

生活中，很多人不喜欢储蓄，他们有很多理由：有的人认为以后可以赚到很多的钱，所以现在不需要储蓄；有的人认为应该享受当下，而且认为储蓄很难，要受到限制；有的人会认为储蓄的利息没有通货膨胀的速度快，储蓄不合适。

然而，让我们检验这些拒绝储蓄的理由，就会发现与原先想的不太一样。

首先，我们不能只通过收入致富，而是要借储蓄致富。有些人往往错误地希望“等我收入够多，一切便能改善”。事实上，我们的生活品质是和收入同步提高的。你赚得愈多，需要也愈多，花费也相应愈多。

其次，储蓄就是付钱给自己。有一些人会付钱给别人，却不会付钱给自己。买了面包，会付钱给面包店老板，贷款有利息，会付钱给银行，却很难会付钱给自己。赚钱是为了今天的生存，储蓄却是为了明天的生活和创业。

我们可以将每个月收入的10%拨到另一个账户上，把这笔钱当作自己的投资资金，然后利用这10%达到致富的目标，利用其他90%来支付其他的费用。也许，你会认为自己每月收入的10%是一个很小的数目，可当你持之以恒地坚持一段时间之后，将会有意想不到的收获。也正是这些很小的数目成了很多成功人士的投资之源泉。

小王今年26岁，大学毕业后参加工作，单位稳定，身体健康，月均收入5000元，算上其他奖金和年终奖，年收入近8万元。这些钱在一个小城镇里也算是一笔不小的数目了，但小王却毫无理财概念，花钱大手大脚，是个典型的“月光族”。

有一次同学聚会上，他深受刺激。看着平时和自己收入差不多的同学们都在大谈房产、理财、投资等话题，他似乎从来都没有考虑过。而且，让他惊讶的是，好几个同学完全靠自己买房买车了。这下，小王真动了理财的念头，等聚会一散，就去找理财专家咨询。

理财专家热情地接待了他，针对他的情况，理财专家给出了建议：

针对目前小王手上无财可理的现状，可强制储蓄。理财专家建议他用“滚雪球”的方法，每月将余钱存一年定期，一年下来，手中正好有12张存单。这样，不管哪个月急用钱，都可取出当月到期的存款。如果不需用钱，可将到期的存款连同利息和当月的余钱再存一年定期。这种“滚雪球”的存钱方法保证储蓄收益的最大化。

此外，专家提醒小王，银行储蓄有自动转存服务，填存单时记得要勾上这一项。这样做，即使存款到期后没有马上去银行转存，逾期部分不会按活期计息，避免损失。

相信小王在理财专家的建议下，很快就可以积累自己人生的第一桶金，理财投资也不再是遥远的梦。其实，养成储蓄的习惯不仅仅能够给自己积累一定的财富，更重要的是养成有计划开支的意识。

大银行家摩根曾经说过："我宁愿贷款100万元给一个品质良好，且已经养成存钱习惯的人，也不愿贷款1美元给一个品德差而花钱大手大脚的人。"的确，存钱能够提高一个人应付危机的能力，也能在机会突然到来时增加成功的机会。可见，储蓄对我们的人生如此重要，下面我们就来谈谈储蓄的那些事。

储蓄，是指城乡居民将暂时不用或结余的货币收入存入银行或其他金融机构的一种存款活动，又称储蓄存款。储蓄具有明显的保值性和收益性，储蓄利率的高低，直接影响着储蓄的收益水平。目前银行的储蓄种类一般分为活期储蓄和定期储蓄两类。储蓄方法不同，收益也不一样。

1. 活期储蓄

活期储蓄，指不约定存期，客户可随时存取，是存取金额不限的一种储蓄方式。活期储蓄是银行开办的比较早的储种之一，源于个人生活待用款和闲置现金款，以及商业运营周转资金的存储。活期储蓄是银行最基本、最常用的存款方式，客户可随时存取款，自由、灵活地调动资金，是客户进行各项理财活动的基础。

活期储蓄以1元为起存点，外币活期储蓄起存金额为不得低于20元或100元人民币的等值外币（各银行不尽相同），多存不限。开户时由银行发给存折，凭折存取，每年结算一次利息。

（1）活期存折储蓄存款。1元起存，由储蓄机构发给存折，凭存折存取，开户后可以随时存取的一种储蓄方式。生活中，可办理银行代发工资业务，一般将职工工资转入活期存折储蓄。

（2）活期支票储蓄存款。活期支票储蓄存款是以个人信用为保证，通过活期支票可以在储蓄机构开到的支票账户中支取款项的一种活期储蓄，一般5000元起存，也是一种传统的活期储蓄方式。

（3）定活两便储蓄存款。由储蓄机构发给存单（折），一般50元起存，存单（折）分记名、不记名两种，存折须记名，记名式可挂失，不记名式不挂失。计息方法统一按《储蓄管理条例》规定执行。

2. 定期储蓄

定期储蓄，是在存款时约定存储时间，一次或按期分次（在约定存期）存入本金，整笔或分期平均支取本金利息的一种储蓄。它的积蓄性较高，是一项比较稳定的信贷资金来源。定期储蓄50元起存，多存不限。存期分为3个月、6个月、1年、2年、3年、5年。

定期储蓄的开户起点、存期长短、存取时间和次数、利率高低等均因储蓄种类不同而有所区别。定期储蓄主要有以下几种：

（1）整存整取定期存款，是指储户事先约定存期，整笔存入，到期一次支取本息的一种储蓄。50元起存，多存不限。存期分3个月、6个月、1年、2年、3年和5年。存款开户的手续与活期相同，只是银行给储户的取款凭证是存单。另外，储户提前支取时必须提供身份证件，代他人支取的不仅要提供存款人的身份证件，还要提供代取人的身份证件。

该储种只能进行一次部分提前支取。计息按存入时的约定利率计算，利随本清。

（2）零存整取定期存款，是一种每月按约定数量的款项存储，按约定时间一次提取本息的定期储蓄。零存整取定期储蓄适应工资收入较低，每月节余有限或者有计划每月存进一些钱，到期进行购买高档消费品的家庭。零存整取的存期分为1年、3年、5年，每月固定存入一定数量，5元起存，多存不限。零存整取定期储蓄每月固定存额，一般5元起存，存期分1年、3年、5年，存款金额由储户自定，每月存入一次，到期支取本息，其利息计算方法与整存整取定期储蓄存款计息方法一致。中途如有漏存，应在次月补齐，未补存者，到期支取时按实存金额和实际存期，以支取日人民银行公告的活期利率计算利息。

（3）存本取息定期存款，是指存款本金一次存入，约定存期及取息期，存款到期一次性支取本金，分期支取利息的业务。5000元起存，存本取息定期存款存期分为1年、3年、5年。存本取息定期存款取息日由客户开户时约定，可以一个月或几个月取息一次，取息日未到不得提前支取利息；取息日未取息，以后可随时取息，但不计复息。

（4）通知存款，是一种不约定存期，支取时需提前通知银行，约定支取日期和金额方能支取的存款。人民币通知存款最低起存金额5万元、单位最低起存金额50万元，个人最低支取金额5万元、单位最低支取金额10万元。外币最低起存金额为1000美元等值外币。通知存款不论实际存期多长，按存款人提前通知的期限长短划分为一天通知存款和七天通知存款两个品种。一天通知存款必须提前一天通知约定支取存款，七天通知存款则必须提前七天通知约定支取存款。

（5）教育储蓄，是指个人按国家有关规定在指定银行开户、存入规定数额资金、用于教育目的的专项储蓄，是一种专门为学生支付非义务教育所需教育金的专项储蓄。教育储蓄采用实名制，开户时，储户要持本人（学生）户口簿或身份证，到银行以储户本人（学生）的姓名开立存款账户。到期支取时，储户需凭存折及有关证明一次支取本息。最低起存金额为50元，本金合计最高限额为2万元。存期分为1年、3年、6年。教育储蓄是一种特殊的零存整取定期储蓄存款，享受优惠利率，更可获取额度内利息免税。

以上存储方式，有的适合长期储蓄，有的适合短期计划。不同的存储方式，适合的人群也不尽相同。如果你想通过储蓄来积累财富，就要选择适合自己的存储类型，在存储之前不妨先对这些储蓄类型及其他相关知识进行一番详细的了解。实际上，如何通过储蓄最大获利，这其中还真有不少窍门。

（1）少存活期。同样存钱，存期越长，利率越高，所得的利息就越多。如果手中活期存款一直较多，不妨采用零存整取的方式，其一年期的年利率大大高于活期利率。

（2）到期支取。储蓄条例规定：定期存款提前支取，只按活期利率计息，逾期部分也只按活期计息。有些特殊储蓄种类（如凭证式国库券），逾期则不计付利息。这就是说，存了定期，期限一到，就要取出或办理转存手续。如果存单即将到期，又马上需要用钱，可以用未到期的定期存单去银行办理抵押贷款，以解燃眉之急。待存单一到期，即可还清贷款。

（3）滚动存取。可以将自己的储蓄资金分成12等分，每月都存成一个一年期定期，或者将每月的余钱不管数量多少都存成一年定期。这样一年下来就会形成这样一种情况：每月都有一笔定期存款到期，可供支取使用。如果不需要，又可将其本金以及当月余款一起再这样存。如此，既可以满足家里开支的需要，又可以享有定期储蓄的高息。

（4）存本存利。即将存本取息与零存整取相结合，通过利滚利达到增值的最大化。具体点说，就是先将本金存一个5年期存本取息，然后再开一个5年期零存整取户头，将每月得到的利息存入。

（5）细择外币。由于外币的存款利率和该货币本国的利率有一定关系，所以有些时候某些外币的存款利率也会高于人民币。储蓄时应随时关注市场行情，适时购买。

了解八大储蓄方法，选择适合自己的存钱方式

人们形象地称“银行存款”就像养在银行里的一群懒惰而干瘦的小猪，收益极低而且还要扣除利息税，但几乎没有风险，流动性好，非常适合于存放随时要用的日常零用钱。其实，利用好银行这一金融通道，即便是银行存款这头懒惰而干瘦的小猪也可以被养得膘肥体壮。

我们先来看下面的案例：

黄女士，个体工商业者，近期手上有6万元作为流动资金放在活期账户中，一个月未使用。如果全部存入银行，正常情况下，其利息收入为：60000×0.72%（活期存款年利率）÷12×0.8（扣除20%利息税）=28.8元。

在银行理财师的建议下，黄女士选择了交通银行“双利理财账户”，其活期账户留存1万元以备应急之用，其利息收益变为（不考虑复利因素）：10000×0.72%÷12×0.8+50000×1.62%÷12×0.8=58.8元，是单纯活期利息收入的2.04倍。

韩女士，公司职员，最近准备了10万元资金拟于两个月后用

于支付购房首付款，存在活期账户，正常情况下，其利息收入为：100000×0.72%÷12×2×0.8=96元。

在银行理财师的建议下，韩女士选择了民生银行的“钱生钱B”理财账户，60天后，韩女士总计获取的利息（60天即8周4天，每满一周即可适用通知存款利率1.62%）：100000×0.72%×0.8×4/360+100000×1.62%×0.8×7/360×8=208元，是活期利息收入的2.2倍！

存储看似很简单，但你真的会存款吗？怎么存钱利息最多？怎么存款提供的流动性最大？不要以为在银行存储很容易，其实这里面大有技巧。那么，如何利用好不同的储蓄方法，从而得到更多的储蓄“实惠”呢？

1. 金字塔储蓄法

金字塔储蓄法是指把一笔资金按照由少到多的方式拆分成几份，分别存入银行定期，当有小额资金需求时，仅把小份额的定存取出，从而不影响大份额的资金利息收入。比如，10万元的资金，分成1万元、2万元、3万元和4万元四笔，分别做一年定期存款，假如在一年未到期时，需要1万元的急用资金，那么只需把四笔定存中的1万元取出即可，另外三笔的利息收入并不受影响。

2. 十二存单法

十二存单法是指每月将一笔钱以定期一年的方式存入银行，坚持十二个月，从次年第一个月开始，每个月都会获得相应的定期收入。采用十二存单法，不仅能获得远高于活期存款的利息，同时存单从次年开始每月都有一笔到期，在急需用钱时，就可以将当月到期的存单兑现。

因此，十二存单法同时具备了灵活存取和高额回报的两大优势。

当然，如果你有更好的耐性的话，还可以尝试“二十四存单法”“三十六存单法”，原理与“十二存单法”完全相同，不过每张存单的周期变成了两（三）年，当然这样做的好处是，你能得到每张存单两（三）年定期的存款利率，这样可以获得较多的利息，但也可能在没完成一个存款周期时出现资金周转困难，这需要根据自己的资金状况进行调整。

3. 五张存单法

这种储蓄方法跟十二存单法类似，是指将一笔现金分成五份，一份做一年定期、两份做两年定期、一份做三年定期、一份做五年定期，等到一年后，一年期定存到期，将其本息取出存成五年期定存；两年后，两份两年期定存到期，一份续存两年定期，一份将本息取出存成五年期定存；三年后，三年定存到期，将本息取出存成五年定期；四年后，那份续存的两年定期也到期，将其本息取出存成五年定期。

这样一来，你的手上就会有五张五年期定存，且每年都会有一张到期，从而最大限度地赚到银行利息。一般情况下，五年期定存款利率为2.75%，而活期存款利率为0.30%。

4. 阶梯储蓄法

阶梯储蓄法是一种分开储蓄的理财方法，操作方式是将总储蓄资金，分成若干份，分别存成一年、三年、五年的定期。举例说明：假设有6万元，分成1万元、2万元和3万元，分别存成一年、两年、三年的定期存款。当一年的存款到期，转存成三年；两年的到期，一样转存成三年。这样两年以后6万元分成三份的资金就都是三年的定期存款。而实际上，资金却是相隔一年的。因为每一年都会有一笔资金到期，这样用一年流动性，拿三年的利息。这就是阶梯储蓄法。这种方式适用于加息周期中，转存既不会造成利息损失，还能再转存后享受新的利率政策。阶梯存储法与十二存单法配合使用，尤其适合年终奖金或其他单项大笔收入的存款方式。

5. 利滚利储蓄法

要使存本取息定期储蓄生息效果最好，就得与零存整取储种结合使用，产生“利滚利”的效果，这就是利滚利存储法，又称“驴打滚存储法”。如果你有一笔额度较大的闲置资金，可采取存本取息的方法，在一个月后，取出这笔存款第一个月的利息，然后再开设一个零存整取的储蓄账户，把取出来的利息存到里面，以后每个月固定把第一个账户中产生的利息取出存入零存整取账户，这样就获得了二次利息。

虽然这种方法能获得比较高的存款利息，但很多人以前不大愿意采用，因为这要求大家经常跑银行。不过现在很多银行都有“自动转息”业务，市民可事先与银行约定“自动转息”业务，免除每月跑银行存取的麻烦。利滚利储蓄法，能尽可能让每一分钱都滚动起来，包括利息在内，只要长期坚持，便会带来丰厚回报。

6. 储蓄宜约定自动转存

现在银行基本都有自动转存服务，在储蓄时，应与银行约定进行自动转存。这样做一方面是避免了存款到期后不及时转存，逾期部分按活期计息的损失；另一方面是存款到期后不久，如遇利率下调，未约定自动转存的，再存时就要按下调后利率计息，而自动转存的，就能按下调前较高的利息计息。如到期后遇利率上调，也可取出后再存。

7. 定期存款提前支取的选择

如果储户的定期存款尚未到期但急需用款，一般情况下，若无其他资金来源，储户有两种选择：提前支取定期存款或以定期存单向银行申请质押贷款。

按照中国人民银行的规定，定期存款提前支取时，将按照支取日的活期存款利率计算。这样会让储户承受一定的利息损失。如果这种损失超过了向银行做质押借款的利息，储户可以用定期存单作质押品，向银行申请短期质押贷款，否则不宜提前支取。

8. 七天通知存款

七天通知存款利率高于活期利率，巧用七天通知存款“利滚利”，存款收益可远高于活期存款。用户可以选择每七天自动循环的通知存款，即从存款日起，开始按七天通知存款计息，七天到期后，结息一次，然后本金加利息自动存入下一期七天通知存款。这样不仅每七天可结息一次，利滚利，并且存款利率高于活期利率。支取时，最后一期存款不足七天的，也只有最后这一期按活期利率计息。

银行里的这些“坑”，你能识别多少

随着经济的发展，银行的收费项目数量也快速增加。数据显示，2003年银行的收费项目仅有300多种，到了2012年收费项目达到3000多种。

大家都知道，钱放在银行里是有利息的，有了本金就可以获得一部分利息收入，这是很多人的投资方式。但理财专家认为安全不等于就没有风险。储蓄风险多是指不能获得预期的储蓄利息收入，或由于通货膨胀而引起的储蓄本金的损失。

通货膨胀率主要的衡量指标就是CPI（居民消费价格指数的简称，也是衡量通胀率的关键指标之一）。2016年5月CPI同比上涨2.0%，这表明我们的生活成本比去年5月上涨了2.0%，原先100元的东西现在要多花2元才能买到。反观银行活期存款利率，只有0.35%，即使是一年定期存款的基准利率也仅为1.5%，根本就跑不过CPI。所以钱放在银行里，只会越来越不值钱。

而且，随着2005年中国的国家银行完全变成了股份银行后，老百姓在股份银行存款的安全系数就不再是100%了，而是各存款人要与股份银行共担经营亏损甚至导致股份银行破产倒闭的风险。当然，股份制后的银行存款利率肯定比国有性质时期的国有银行的存款利率要高，但是你必须为此承担更大的风险，当然你也有自主权选择其他投资渠道。

随着银行市场化的深入发展，国务院公布的《存款保险条例》已于2015年5月1日施行，条例规定：存款保险实行限额赔偿，最高偿付限额为人民币50万元。也就是说只有存款在50万元以内的才可以得到全额赔付，超过50万元的最多也只能赔50万元。所以现在，钱放银行也不能保证100%的安全了。

那么，钱放在外资银行就安全吗？答案恰恰相反，试想一个外资银行千里迢迢来到中国做金融生意，岂有不赚钱的道理，应该说外资银行会把赢利看得比中资银行更重。

但是，目前存在的状况是中国的普通民众对经营存款业务的银行所存在的风险漠不关心，抑或是知之甚少。因此，了解储蓄风险对于普通投资者来说就显得尤为重要了。

大体以下几个方面需要引起我们的注意：

1. 存款提前支取

提前支取是定期储蓄存款的储户，在其存款尚未到期前，要求全部或部分支取存款。储户提前支取存款时除凭存单外，为保障存款人的利益，防止被冒领，还必须向银行提交本人有效的身份证件，经银行审核无误后方可给予办理。

未到期的定期储蓄存款，全部提前支取的，按支取日挂牌公告的活期储蓄存款利率计付利息；部分提前支取的，提前支取的部分按支取日挂牌公告的活期储蓄存款利率计付利息，其余部分到期时按存单开户日挂牌公告的定期储蓄存款利率计付利息。

逾期支取的定期储蓄存款，其超过原定存期的部分，除约定自动转存的外，按支取日挂牌公告的活期储蓄存款利率计付利息。

2. 存款种类选错导致存款利息减少

（1）将大量资金存入活期存款账户或信用卡账户，尤其是目前许多企业都委托银行代发工资，银行接受委托后会定期将工资从委托企业的存款账户转入该企业员工的银行卡账户。但活期存款和信用卡账户的存款都是按活期存款利率计息，利率很低，个中利息损失可见一斑。

（2）选择定活两便储蓄，认为其既有活期储蓄随时可取的便利，又可享受定期储蓄的较高利息。但根据现行规定，定活两便储蓄利率按同档次的整存整取定期储蓄存款利率打六折，所以从多获利息角度考虑，宜尽量选整存整取定期储蓄。

存款本金的损失，主要是在通货膨胀严重的情况下，如存款利率低于通货膨胀率，即会出现负利率，存款的实际收益≤0，此时若无保值贴补，存款的本金就会发生损失。

正如企业的经营有起有落，银行的风险也是在变化之中的。投资者必须及时关注主要存款银行的运营状况，对其风险定期予以评价，这样才能防患于未然，从而不影响投资者的正常生活。

此外，去银行办业务的时候还需要注意：

1. 提前还贷款要收违约金

现在越来越多的人贷款买房、买车，然后进行分期贷款。如果资金充裕，想提前把贷款还清，就需要支付一笔违约金。以房贷为例，在办住房贷款时，贷款合同都会规定提前还款如何收取违约金。一般有两种形式：

（1）在合同中明确规定，违约后要交多少违约金；

（2）明确规定，违约后按一定比例收取违约金，这一比例一般为1%～3%。所以在到银行办理贷款时，一定要看清对于违约金的规定。

2. 银行的理财产品也有本金亏损的风险

在人们以往的观念中，银行几乎就意味着绝对安全，把钱放到银行就意味着有了保障，在银行买理财产品也更加让人放心。其实这是一种错误的观念，因为购买银行的理财产品，本金也有亏损的风险。目前银行销售的理财产品主要分为三类：

（1）银行自己设计和销售的理财产品，这类产品由银行直接管理，比较正规，保障性相对较高。

（2）银行购买的结构性理财产品，这类产品配资的资产可能比较高，收益的波动性比较大。

（3）银行代理的理财产品，其中多是信托类产品，其风险性也比较高。

3. 预期收益率≠实际收益率

去银行买理财产品时，许多理财产品都会以“年化预期收益率”“7日年化收益率”等来做招牌。由于许多银行理财产品的收益率都是浮动的，因此银行在宣传的时候只会说“预期”收益率多少多少。之所以说是“预期”，也就意味着理财产品有可能达不到这种预期目标。

所以在购买理财产品时，要多关注理财产品的实际收益率和理财产品资金投向。

4. 理财产品与保险不要混淆

不少人以为自己在银行买了一款理财产品，最后竟然发现买了一份保险。这类事情之所以会出现，除了银行推销人员不负责任之外，还有就是投资者自己不够警觉。看到这里你可能会疑问，理财产品和保险相差太远，怎么可能会混淆呢。有这个疑问说明你还不够了解保险，因为保险中有一类叫作分红险。

分红险一般是指保险公司在每个会计年度结束之后，把上一年度该类分红保险的可分配盈余，按照一定的比例，以现金红利或者增值红利的方式赔给客户的一种保险。由于这种保险每隔一段时间就可以获得一部分分红，一般人就会把这类保险混淆成理财产品。

5. 不清楚信用卡的收费规定不要乱用

信用卡在方便人们生活的同时，也暗藏着许多收费的陷阱。比如，信用卡分期付款虽然不收利息，但是会收手续费；账单分期即使提前还款，还是要交每期的手续费；多数银行的信用卡取现是不免息的。

投资理财是一件非常复杂的事情，做复杂的事情需要的不仅是耐心，还要细心。在与银行打交道的时候，多一份细心，就会多一份安心。无论在银行办什么业务，多问、多看，弄清楚各项规定和条款肯定是没错的。

第五章
债券：无泡沫的稳健投资，让女人风险无忧

［美］乔治·索罗斯

承担风险无可指责，但同时记住千万不能孤注一掷！

债券，稳健投资者的首选

债券是一种金融契约，是政府、金融机构、工商企业等直接向社会借债筹措资金时，向投资者发行，同时承诺按一定利率支付利息并按约定条件偿还本金的债权债务凭证。债券的本质是债的证明书，具有法律效力。债券购买者或投资者与发行者之间是一种债权债务关系，债券发行人即债务人，投资者（债券购买者）即债权人。

债券也是一种有价证券。由于债券的利息通常是事先确定的，所以债券是固定利息证券（定息证券）的一种。在金融市场发达的国家和地区，债券可以上市流通。在中国，比较典型的政府债券是国库券。

债券投资的收益率比储蓄的利息高。特别是一些企业债券，其风险虽然高于银行存款，但要比股票、期货相对安全可靠，也具有较好的流动性。由于利率固定、价格稳定，债券比较适合作为一种财富保障，可以提供稳定而且长期的收入，是个人和家庭常用的理财工具。特别是在投资风险日益加大的今天，投资债券有着非常重要的现实意义。

低利率时代的到来，对债券投资人来说，反而是个好消息。银行利率是决定债券价格最大的变量，利率低的话，债券价格就会涨；相反的，利率高的话，债券价格就会下跌。因此，低利率就代表债券价格的上升。

与股票投资相比，债券投资具有风险低、收益稳定、利息免税、回购方便等特点，投资债券就受到机构和个人投资者的喜爱。现在，随着社会经济的发展，债券融资方式日益丰富，范围不断扩展。为满足不同的融资需要，并更好地吸引投资者，债券发行者在债券的形式上不断创新，新的债券品种层出不穷。如今，债券已经发展成为一个庞大的“家族”。

我们投资债券，首先必须深入了解债券，了解债券的构成要素、特征和种类，然后才能根据自己投资的金额和目的正确地选择债券。

1. 债券的构成要素

尽管债券的种类多种多样，但是在内容上都要包含一些基本的要素，具体包括：

（1）债券面值。包括票面货币币种和票面金额两个因素。

债券面值的币种即债券以何种货币作为其计量单位，要依据债券的发行对象和实际需要来确定。若发行对象是国内的有关经济实体，可以选择本币作为债券价值的计量单位；若发行对象是国外的有关经济实体，可以选择发行地国家的货币或者国际通用货币作为债券价值的计量单位。

债券面值要依据债券的发行成本、发行数额和持有者的分布来确定。债券的面值与债券实际的发行价格并不一定是一致的，发行价格大于面值称为溢价发行，小于面值称为折价发行，等价发行称为平价发行。

（2）偿还期。偿还期是指债券上载明的偿还债券本金的期限，即债券发行日至到期日之间的时间间隔。一般可以分为三类：偿还期限在一年以内的是短期债券；偿还期限在一年以上十年以下的是中期债券；偿还期限在十年以上的是长期债券。

债券期限的长短主要取决于债务人对资金的需求、利率变化趋势、证券交易市场的发达程度等因素。

（3）付息期。付息期是指发行债券后的利息支付的时间。它可以是到期一次支付，或一年、半年、三个月支付一次。在考虑货币时间价值和通货膨胀因素的情况下，付息期对债券投资者的实际收益有很大影响。到期一次付息的债券，其利息通常是按单利计算的；而年内分期付息的债券，其利息是按复利计算的。

（4）票面利率。票面利率是指债券利息与债券面值的比率，是发行人承诺以后一定时期支付给债券持有人报酬的计算标准。债券票面利率的确定主要受到银行利率、发行者的资信状况、偿还期限和利息计算方法以及当时资金市场上资金供求情况等因素的影响。

（5）发行人名称。发行人名称是指债券的债务主体，为债权人到期追回本金和利息提供依据。

上述要素是债券票面的基本要素，但在发行时并不一定全部在票面上印制出来。例如，在很多情况下，债券发行者是以公告或条例形式向社会公布债券的期限和利率。

2. 债券的特征

债券作为一种债权债务凭证，是一种虚拟资本，而非真实资本，它是经济运行中实际运用的真实资本的证书。从投资者的角度看，债券作为一种重要的融资手段和金融工具，具有以下四个特征：偿还性、流动性、安全性、收益性。

（1）偿还性。债券一般都规定有偿还期限，发行人必须按约定条件偿还本金并支付利息。

（2）流动性。债券一般都可以在证券市场上自由流通和转让。目前几乎所有的证券营业部门或银行部门都开设债券买卖业务，且收取的各种费用相应较低，方便债券的交易，增强了其流动性。

（3）安全性。债券的安全性主要表现在以下两个方面：一是债券利息事先确定；二是投资的本金在债券到期后可以收回。此外，即使在企业破产时，债券持有者享有优先于股票持有者对企业剩余资产的索取权。

（4）收益性。债券的收益性主要体现在两个方面：一是投资债券可以给投资者定期或不定期地带来利息收入；二是投资者可以利用债券价格的变动，买卖债券赚取差额，但主要体现为利息。

因债券的风险比银行存款要大，所以债券的利率也比银行高。如果债券到期能按时偿付，购买债券就可以获得固定的、一般高于同期银行存款利率的利息收入。

债券的偿还性、流动性、安全性与收益性之间存在着一定的矛盾。一般来讲，一种债券难以同时满足上述的四个特征。如果债券的流动性强，安全性就强，人们便会争相购买，于是该种债券的价格就上升，收益率下降；反之，如果某种债券的流动性差，安全性低，那么购买的人就少，债券的价格就低，其收益率就高。对于女性投资者来说，可以根据自己的财务状况和投资目的来对债券进行合理的选择与组合。

3. 债券的种类

（1）按债券发行主体不同，可分为政府债券、金融债券和公司

（企业）债券等。

政府债券，即政府为筹集资金而发行的债券。主要包括国债、地方政府债券等，其中最主要的是国债，因其信誉好、利率优、风险小而被称为“金边债券”。国债适合那些收入不是很高，随时有可能动用存款以应付不时之需的谨慎投资者。

金融债券，即由银行和非银行金融机构发行的债券，金融债券现在大多是政策性银行发行与承销，如国家开发银行、进出口银行等政策性银行。金融机构一般有雄厚的资金实力，信用度较高，因此金融债券往往有良好的信誉。

公司（企业）债券。在国外，没有企业债和公司债的划分，统称为公司债。在我国，企业债券发债主体为中央政府部门所属机构、国有独资企业或国有控股企业，因此，它在很大程度上体现了政府信用。公司债券在证券登记结算公司统一登记托管，可申请在证券交易所上市交易，其信用风险一般高于企业债券。企业债券和公司债券是我国商业银行重要的投资对象。企业债券的利息收入需要缴纳利息税，但税后收入仍比同期储蓄存款高出一大截，比较适合那些有一笔长期不动用的闲钱，并想要获取更多利润又不希望冒太大风险的投资者。

（2）按是否有财产担保可以分为抵押债券和信用债券。

抵押债券，是以企业财产作为担保的债券，按抵押品的不同又可以分为一般抵押债券、不动产抵押债券、动产抵押债券和证券信用抵押债券。以不动产，如房屋等作为担保品，称为不动产抵押债券；以动产，如适销商品等作为提供品的，称为动产抵押债券；以有价证券，如股票及其他债券作为担保品的，称为证券信托债券。一旦债券发行人违约，信托人就可将担保品变卖处置，以保证债权人的优先求偿权。抵押品的价值一般超过它所提供担保债券价值的25%～35%。

信用债券，是不以任何公司财产作为担保，完全凭信用发行的债券。政府债券属于此类债券。这种债券由于其发行人的绝对信用而具有坚实的可靠性。除此之外，一些公司也可发行这种债券，即信用公司债。与抵押债券相比，信用债券的持有人承担的风险较大，因而往往要求较高的利率。因为信用债券没有财产担保，所以在债券契约中都要加入保护性条款，如不能将资产抵押其他债权人、不能兼并其他企业、未经债权人同意不能出售资产、不能发行其他长期债券等。

（3）按债券形态分类可以分为实物债券（无记名债券）、凭证式债券及记账式债券。

实物债券（无记名债券），是一般意义上的债券，是一种具有标准格式实物券面的债券。在其券面上，一般印制了债券面额、债券利率、债券期限、债券发行人全称、还本付息方式等各种债券票面要素。其不记名，不挂失，可上市流通。

凭证式债券，其形式是债权人认购债券的一种收款凭证，而不是债券发行人制定的标准格式的债券。

记账式债券，是指没有实物形态的票券，又称无纸化国债，以电脑记账方式记录债权，通过证券交易所的交易系统发行和交易。如果投资者进行记账式债券的买卖，就必须在证券交易所设立账户。

（4）按是否能转换分为可转换债券和不可转换债券。

可转换债券，是在特定时期内可以按某一固定的比例转换成普通股的债券，它具有债务与权益的双重属性，属于一种混合性筹资方式。

由于可转换债券赋予债券持有人将来成为公司股东的权利，因此其利率通常低于不可转换债券。若将来转换成功，在转换前发行企业达到了低成本筹资的目的，转换后又可节省股票的发行成本。根据《公司法》规定，发行可转换债券应由国务院证券管理部门批准，发行公司应同时具备发行公司债券和发行股票的条件。

不可转换债券，是指不能转换为普通股的债券，又称为普通债券。由于其没有赋予债券持有人将来成为公司股东的权利，所以其利率一般高于可转换债券。

（5）按利率是否固定，分为固定利率债券和浮动利率债券。

固定利率债券，是将利率印在票面上并按其向债券持有人支付利息的债券。该利率不随市场利率的变化而调整，因而固定利率债券可以较好地抵制通货紧缩风险。

浮动利率债券，其利率同当前市场利率挂钩，而当前市场利率又考虑到了通货膨胀率的影响，所以浮动利率债券可以较好地抵制通货膨胀风险。浮动利率债券往往是中长期债券。

（6）按是否能够提前偿还，分为可赎回债券和不可赎回债券。

可赎回债券，是指在债券到期前，发行人可以以事先约定的赎回价格收回的债券。公司发行可赎回债券主要是考虑到公司未来的投资机会和回避利率风险等问题，以增加公司资本结构调整的灵活性。发行可赎回债券最关键的问题是赎回期限和赎回价格的制定。

不可赎回债券，是指不能在债券到期前收回的债券。

（7）按偿还方式不同，分为一次到期债券和分期到期债券。

一次到期债券，是发行公司于债券到期日一次偿还全部债券本金的债券。

分期到期债券，是指在债券发行的当时就规定有不同到期日的债券，即分批偿还本金的债券，可以减轻发行公司集中还本的财务负担。

（8）按计息方式分为单利债券、复利债券及累进利率债券。

单利债券，是指在计息时，不论期限长短，仅按本金计息，所生利息不再加入本金计算下期利息的债券。

复利债券，是指在计算利息时，按一定期限将所生利息加入本金再计算利息，逐期滚算的债券。

累进利率债券，是指年利率以利率逐年累进方法计息的债券。累进利率债券的利率随着时间的推移，后期利率比前期利率更高，呈累进状态。

（9）按募集方式分为公募债券和私募债券。

公募债券，是指向社会公开发行，向不特定的多数投资者公开募集，任何投资者均可购买的债券，它可以在证券市场上转让。

私募债券，是指向与发行者有特定关系的少数投资者募集的债券，其发行和转让均有一定的局限性。私募债券的发行手续简单，一般不能在证券市场上交易。

（10）按债券是否记名分为记名债券和无记名债券。

这种分类类似于记名股票与无记名股票的划分。在公司债券上记载持券人姓名或名称的为记名公司债券；反之为无记名公司债券。两种债券在转让上的差别也与记名股票、无记名股票相似。

（11）按是否参加公司盈余分配，分为参加公司债券和不参加公司债券。

参加公司债券，债权人除享有到期向公司请求还本付息的权利外，还有权按规定参加公司盈余分配的债券；反之为不参加公司债券。

（12）按能否上市，分为上市债券和非上市债券。

上市债券，指可在证券交易所挂牌交易的债券，上市债券信用度高，价值高，变现容易，适合于需随时变现的闲置资金的投资需要，但上市条件严格，并要承担上市费用。反之为非上市债券，指不在证券交易所挂牌交易的债券。

投资国债，强国富民

2015年，股市的震荡给股民们上了一堂生动的风险教育课。不少人开始考虑将投到股市里的资金分流出来投入到更为安全的领域，于是国债销售又重现了久违的火爆场面。

国债，又称国家公债，是国家以其信用为基础，按照债券的一般原则，通过向社会筹集资金所形成的债权债务关系。国债是由国家发行的债券，是中央政府为筹集财政资金而发行的一种政府债券，是中央政府向投资者出具的、承诺在一定时期支付利息和到期偿还本金的债权债务凭证，由于国债的发行主体是国家，所以它具有最高的信用度，被公认为是最安全的“金边债券”。

35岁的罗缘是一家合资企业的中层管理，她一直想开创自己的事业，所以对理财问题也格外关注。

通过对债券市场的研究，罗缘决定将自己多年积攒的近80万元资金投入一个由国债组成的金字塔形债券组合，这些债券的最短期限为五年，并且不可赎回；另一方面，在接下来的5年中，她每年投入这个债券组合5万元。

5年以后，罗缘手中的国债组合，获得了4%的免税回报率，她前期投入的80万元，再加上5年来积累下来的25万元资金，一共是105万元的本金，获得了1050000×4%=42000元的纯利润，5年后，资金储备达到122万元，罗缘终于实现自己的理想，成立了自己的公司。

上面案例中，罗缘在选择国债投资前充分研究其规则，对买进、卖出以及投资额度都有了充分的了解，所以最终她的投资取得了成功。在现实生活中，不少投资者都是浅尝辄止，殊不知，投资是一种需要持续进行的行为。

国债的收益率一般高于银行存款，且不需缴纳利息税，而且又有国家信用作担保，可以说是零风险投资品种。如果是规避风险的稳健型投资者，购买国债是一个很不错的选择。即使是积极型投资者，也应当考虑在理财篮子中适当配置类似的产品。

当然，投资者选择国债前应先了解其规则，再决定是否买进、卖出以及投资额度。投资者购买国债后也应首先熟悉所购国债的详细条款并主动掌握一些技巧。

现在发行的国债主要有两种，一种是凭证式国债，一种是记账式国债。凭证式国债和记账式国债在发行方式、流通转让及还本付息方面有很多不同之处，购买国债时，要根据自己的实际情况来做出正确选择。

1. 凭证式国债

凭证式国债是指国家采取不印刷实物券，而用填制国库券收款凭证的方式发行的国债。它是以国债收款凭单的形式来作为债权证明，可以记名，可以挂失，不可上市流通转让，从购买之日起计息。凭证式国债能够为购买者带来固定且稳定的收益。在持有期内，持券人如需要变现，可以到购买网点提前兑取。

值得注意的是，凭证式国债提前支取经办机构按兑付本金的1‰收取手续费。这样一来，如果投资者在发行期内提前支取不但得不到利息，还要付出1‰的手续费。在半年内提前支取，其利息也少于储蓄存款提前支取。此外，储蓄提前支取不需要手续费，而凭证式国债需要支付手续费。

因此，对于自己的资金使用时间不确定者最好不要买凭证式国债，以免因提前支取而损失资金。但相对来说，凭证式国债收益还是稳定的，在超出半年后提前支取，其利率高于提前支取的活期利率，不需支付利息所得税，到期利息高于同期存款所得利息。所以，凭证式国债更适合资金长期不用者，特别适合把这部分钱存下来进行养老的投资者。

2. 记账式国债

又名无纸化国债，是由财政部通过无纸化方式发行的、以电脑记账方式记录债权并且可以上市交易的债券。

记账式国债以记账形式记录债权、通过证券交易所的交易系统发行和交易，可以记名、挂失。投资者进行记账式证券买卖，必须在证券交易所设立账户。由于记账式国债的发行和交易均无纸化，所以效率高，成本低，交易安全。

记账式国债根据不同的年限，有不同的付息方式，一般中长期的记账式国债，采用年付或半年付，这些利息可以用来再投资，相当于复利计息。这对于长期的国债，也是一笔不小的投资收益。记账式国债的价格，完全按市场供需及市场利率决定，当市场预期利率上升时价格下降，市场预期利率下降时价格则上升。如果在低价位购买记账式国债，既享受了价差又享受了高利率。

记账式国债上市交易一段时间后，其净值便会相对稳定，随着记账式国债净值变化稳定下来，投资国债持有期满的收益率也将相对稳定，但这个收益率是由记账式国债的市场需求决定的。对于那些打算持有到期的投资者而言，只要避开国债净值多变的时段购买，任何一只记账式国债将获得的收益率都相差不大。

记账式国债提前兑现时，仅需支付少量交易手续费，仍可享受按票面利率支付的持有期利息。如果价格没有大幅下跌，投资者不仅不损失原价也不损失利息。

记账式国债更适合做三年以内的投资理财产品，而且收益性与流动性都强于凭证式国债。如果时间较长的话，一旦市场有变化，下跌的风险很大。对此，年轻的投资者对信息及市场变动非常敏感，所以记账式国债更适合年轻投资者购买。

此外，投资者投资前还要注意国债的分档计息规则。以第五期凭证式国债为例，从购买之日起，在国债持有时间不满半年、满半年不满一年、满一年不满两年、满两年不满三年等多个持有期限分档计息。因此，投资者应注意根据时段来计算、选取更有利的投资品种。

值得注意的是，在投资市场上，股市与债市存在一定的“跷跷板”效应：股市下跌时，国债价格上扬；股市上涨时，国债下跌。所以，投资国债也应该密切关注股市对国债行情的影响，以便做出正确决策。

如何避免债券投资风险

任何投资都是有风险的，债券投资的风险是指债券预期收益变动的可能性及变动幅度，这些风险是普遍存在的。债券突出的风险主要表现为市场风险和违约风险。对此，投资者要认真对待，应利用各种方法和手段去了解风险、识别风险，寻找风险产生的原因，然后制定风险管理的原则和策略，运用各种技巧和手段去规避风险、转嫁风险，减少风险损失，力求获取最大收益。

小白没有任何理财常识，但她坚信“金边债券”是国家发行的，绝对万无一失，于是把自己积攒的钱都投向了国债。

开始收益还不错。可惜，在小白购买国债没多久后，2011年7月7日央行年内第三次加息，一年期存款基准利率上调0.25个百分点。由于市场上债券价格下跌，号称“金边债券”的国债也像是被削去了一边！看着投资国债的资金正在缩水，小白只能无可奈何地感叹道：“谁又能想到这‘金边债券’也会有风险呢？”

可见，投资者进入债券市场必须做好相应的准备，多注意影响市场的诸多因素，这是确保收益稳定的一项重要措施。

从小白的案例，我们不难想到投资界流行的一句话：投资有风险，入市须谨慎。任何一项投资都是有风险的，对于女性投资者而言，当我们追逐高收益的同时，更应当学会规避风险。

因此，正确评估债券投资风险，明确未来可能遭受的损失，是投资者在投资决策之前必须要做好的工作。具体来说，债券投资存在以下几方面的风险：

1. 通货膨胀风险

通货膨胀风险是指由于通货膨胀而使货币购买力下降的风险。通货膨胀期间，投资者实际利率应该是票面利率扣除通货膨胀率。若债券利率为10%，通货膨胀率为8%，则实际的收益率只有2%，购买力风险是债券投资中最常出现的一种风险。

2. 利率风险

利率是影响债券价格的重要因素之一，当利率提高时，债券的价格就降低，此时便存在风险。

市场利率上调造成的损失具有相对性，如果债券持有人坚持到期满才兑换债券，则它仍能获得预期的收益，其收益只不过和现行的市场收益水平有一定差距而已。

对于利率风险，应采取的防范措施是分散债券的期限，长短期配合。如果利率上升，短期投资可以迅速找到高收益投资机会，若利率下降，长期债券却能保持高收益。总之，一句老话：不要把所有的鸡蛋放在同一个篮子里。

3. 经营风险

经营风险是指发行债券的单位管理与决策人员在其经营管理过程中发生失误，造成企业的声誉和资信程度下降也会影响二级市场债券的价格，从而给投资者造成损失。

为防范经营风险，在投资之前，应通过各种途径，充分了解和掌握各种信息，通过对其报表进行分析，了解其盈利能力、偿债能力及其信誉等。

选择多品种分散投资，这是降低债券投资风险的最简单办法。有选择性地或随机购买不同企业的各种不同名称的债券，可以使风险与收益多次排列组合，能够最大限度地减少风险或分散风险。

4. 流动风险

流动风险是指投资者在短期内无法以合理的价格卖掉债券的风险。市场上的债券种类繁多，所以也就有冷热债券之分。对于一些热销债券，其成交量周转率都会很大。相反一些冷门债券，有可能很长时间都无人问津，根本无法成交，实际上是有行无市，流动性极差，变现能力较差。如果持券人非要变现，就只有大幅度折价，从而造成损失。

5. 再投资风险

购买短期债券，而没有购买长期债券，会有再投资风险。例如，长期债券利率为14%，短期债券利率为13%，为减少利率风险而购买短期债券。但在短期债券到期收回现金时，如果利率降低到10%，就不容易找到高于10%的投资机会，还不如当期投资于长期债券，仍可以获得14%的收益。归根到底，再投资风险还是一个利率风险问题。

尽管目前长期债券的收益率高于中短期债券，但如果自己不能持有长期债券到期，那这种对于未来利率走高的补偿也就不能享有了，所以目前长期债券基本没有投资价值，不建议风险承受能力小的投资者去购买。

相对来说，短期债券由于存续期短，受以后加息的不确定因素的影响比较小，而且期限短，资金占用时间不长，再投资风险比较小。中期债券品种中，目前七年期国债与十年期、十五年期国债的利率水平已经基本接近，但由于期限短，因此风险也相对较小，而且对于同期限的国债来说，当收益率变动相同幅度的时候，票面利率越高，价格波动越小。可以适当选择期限在七年期左右的票面利率比较高的券种。

6. 违约风险

违约风险是指发债公司不能完全按期履行付息还本的义务，它与发债企业的经营状况和信誉有关。当企业经营亏损时，它便难以支付债券利息；而当偿债年份企业盈利不足或资金周转困难时，企业就难以按期还本。需要说明的是，企业违约与破产不同，发生违约时，债权人与债务人可以达成延期支付本息的协议，持券人的收益可以在未来协议期内获得。而企业破产时则要对发债公司进行清理，按照法律程序偿还持券人的债务，持券人将遭受部分甚至全部损失。

7. 时间风险

债券期限的长短对风险是不起作用的，但由于期限较长，市场不可预测的时间就多，而愈临近兑换期，持券人心理感觉就越踏实。所以在市场上，对于利率水平相近的债券，期限长的其价格也就要低一些。

第六章
基金：与其依靠男人，不如养只“金基”下金蛋

〔美〕朱尔

理财市场是有经验的人获得更多金钱，

有金钱的人获得更多经验的地方。

认识基金大家族

基金，从广义上说是指为了某种目的而设立的具有一定数量的资金。主要包括信托投资基金、公积金、保险基金、退休基金以及各种基金会的基金。人们平常所说的基金主要是指证券投资基金，另外，基金也可以投资企业和项目。基金公司通过公开发售基金份额募集资金，由基金托管人托管，由基金管理人管理和运作资金，然后和基金投资者共担投资风险、分享收益。

基金投资者小额投入后，通过基金公司的规模经营，能够获取更稳定的收益。而且，基金投资讲究的是专业理财，个人和家庭购买投资基金就等于将资金交给投资专家，不仅风险小，而且省时省力，不用花费大量的时间和精力来判断股票市场、了解上市公司、挑选购买时机等，是缺乏时间和专业知识的个人和家庭投资者最佳的个人投资理财工具。

2013年，大学毕业后的张泉芝在理财经理的推荐下，开始琢磨起了基金投资。她觉得自己没有经验，也承担不起投资失败的损失，所以决定选择一些可以保本的基金尝试一下。她把自己前三个月的工资共2万元分别购买了国债基金与货币基金。随着学习的深入，她对基金的认识也得到了进一步提高。于是，她又将目光转向了股票基金，并花了大量的业余时间用来分析股票基金的市场，最后选定了几只表现优异的股票基金，并将积攒的3万元投了进去。

2015年，由于恰当把握住了有利时机，让张泉芝在基金市场上实现了财富增值，她前期投资的国债基金与货币基金，以及后来投资的股票基金都获得了非常可观的收益。

循序渐进是投资的一个重要技巧，无论是理财新人，还是理财达人，在进入一个新的投资领域时，一定要遵循由易到难的原则。在自己还不熟悉的情况之下，决不能盲目地一掷千金，而应该先找个风险较低的产品尝试一下，待自己弄清了这一领域的基本特性后，再大胆地放手一搏，这样才能有效提升我们财富增值的概率。

想要尝试投资基金，首先一定要知道投资基金的基本类别，都有什么样的基金供我们投资，以便在众多的基金中选择适合自己收益风险偏好的基金。

1. 根据基金单位是否可增加或赎回，可分为开放式基金和封闭式基金

（1）开放式基金，是指基金发起人在设立基金时，基金单位或者股份总规模不固定，可视投资者的需求，随时向投资者出售基金单位或者股份，并可以应投资者的要求赎回发行在外的基金单位或者股份的一种基金运作方式。投资者既可以通过基金销售机构购买基金使得基金资产和规模由此相应的增加，也可以将所持有的基金份额卖给基金公司并

收回现金使得基金资产和规模相应的减少。为了应付投资者中途抽回资金实现变现的要求，开放式基金一般都从所筹资金中拨出一定比例，以现金形式保持这部分资产。这虽然会影响基金的盈利水平，但作为开放式基金来说，这是必需的。

开放式基金是世界各国基金运作的基本形式之一。基金管理公司可随时向投资者发售新的基金份额，也需随时应投资者的要求买回其持有的基金份额。简单说，开放式基金在募集期内不规定限额，募集100亿元，还是200亿元，这主要看市场需求；募集完以后，原则上只要基金公司在经营，就可以永续地发展，这是开放式基金的特性。从发达国家金融市场来看，开放式基金已成为世界投资基金的主流。世界基金发展史从某种意义上说就是从封闭式基金走向开放式基金的历史。

（2）封闭式基金，是指基金规模在发行前已确定、在发行完毕后的规定期限内固定不变，并在证券市场上交易的投资基金，其在一定时期内不再接受新的投资，又称为固定型投资基金。封闭期通常在五年以上，一般为十年或十五年，经受益人大会通过并经主管机关同意可以适当延长期限。封闭式基金的基金单位在封闭期限内不能赎回，投资者日后买卖基金单位都必须通过证券经纪商在二级市场上进行竞价交易。

由于封闭式基金在证券交易所的交易采取竞价的方式，因此交易价格受到市场供求关系的影响而并不必然反映基金的净资产值，即相对其净资产值，封闭式基金的交易价格有溢价、折价现象。

2. 按基金的组织方式，可分类契约型基金和公司型基金

（1）契约型基金，又称为单位信托基金，是指把投资者、管理人、托管人三者作为基金的当事人，通过签订基金契约的形式，发行受益凭证而设立的一种基金。它依照基金契约组建，通过基金契约来规范三方当事人的行为，基金本身不具有法律资格。基金管理人负责基金的管理操作。基金托管人作为基金资产的名义持有人，负责基金资产的保管和处置，对基金管理人的运作实行监督，又是基金的受益人，即享有基金的受益权。

（2）公司型基金，又叫作共同基金，指基金本身为一家股份有限公司，具有法人资格。公司通过发行股票或受益凭证的方式来筹集资金，然后由专业的财务顾问或管理公司来经营与管理，设立董事会和持有人大会，重大事项由董事会讨论决定。基金资产由公司所有，投资者则是这家公司的股东，承担风险并通过股东大会行使权利。

从世界基金业的发展趋势看，公司型基金除了比契约型基金多了一层基金公司组织外，其他各方面都与契约型基金有趋同化的倾向。

3. 按投资目标，可分为成长型基金、收入型基金及平衡型基金

（1）成长型基金，是指以追求资产的长期增值和盈利为基本目标从而投资于具有良好增长潜力的上市股票或其他证券的证券投资基金。成长型基金又可分为稳健成长型基金和积极成长型基金。

（2）收入型基金，是指以追求当期高收入为基本目标从而以能带来稳定收入的证券为主要投资对象的证券投资基金。收入型基金追求高的收益，那就肯定有风险。一般可分为固定收入型基金和股票收入型基金。固定收入型基金的主要投资对象是债券和优先股，因而尽管收益率较高，但长期成长的潜力很小，而且当市场利率波动时，基金净值容易受到影响。股票收入型基金的成长潜力比较大，但易受股市波动的影响。

（3）平衡型基金，是指以保障资本安全、当期收益分配、资本和收益的长期成长等为基本目标从而在投资组合中比较注重长短期收益、风险搭配的证券投资基金。这种基金一般将25%~50%的资产投资于债券及优先股，其余的投资于普通股。平衡型基金的主要目的是从其投资组合的债券中得到适当的利息收益，与此同时又可以获得普通股的升值收益。平衡型基金的特点是风险比较低，缺点是成长的潜力不大。

4. 按投资对象，可分为债券基金、股票基金、货币市场基金及混合基金

（1）债券基金，是以债券为主要投资对象的基金，债券比例须在80%以上。假如全部投资于债券，可以称其为纯债券基金；假如大部分基金资产投资于债券，少部分投资于股票，可以称其为债券型基金。由于债券的年利率固定，因而这类基金的风险较低，适合于稳健型投资者。

通常，债券基金收益会受货币市场利率的影响，当市场利率下调时，其收益就会上升；反之，若市场利率上调，则基金收益率下降。除此以外，汇率也会影响基金的收益，管理人在购买非本国货币的债券时，往往还要在外汇市场上做套期保值。

（2）股票基金，是以股票为主要投资对象的基金，股票投资比例须在60%以上。国内所有上市交易的封闭式基金及大部分的开放式基金都是股票基金，投资者之所以钟爱股票基金，原因在于可以有不同的风险类型供选择，而且可以克服股票市场普遍存在的区域性投资限制的弱点。此外，还具有变现性强、流动性强等优点。由于聚集了巨额资金，几只甚至一只基金就可以引发股市动荡，所以各国政府对股票基金的监管都十分严格，不同程度地规定了基金购买某一家上市公司的股票总额不得超过基金资产净值的一定比例，防止基金过度投机和操纵股市。

根据不同的投资风格，股票基金可分为成长型、价值型和混合型股票基金。成长型股票基金是指主要投资于收益增长速度快，未来发展潜力大的成长型股票的基金；价值型股票基金是指主要投资于价值被低估、安全性较高的股票的基金。价值型股票基金风险要低于成长型股票基金，混合型股票基金则是介于两者之间。

（3）货币市场基金，是以货币市场工具为投资对象的一种基金。货币市场基金通常被认为是无风险或低风险的投资，主要投资于短期货币工具（一般期限在一年以内，平均期限120天）。比如，短期国债、中央银行票据、商业汇票、银行承兑汇票、银行定存和大额转账的存单等。通常，货币市场基金的收益会随着市场利率的下跌而降低，与债券基金正好相反。

（4）混合基金，主要从资产配置的角度看，股票、债券投资比率可以灵活调控，没有固定的范围。

5. 按投资理念，可分为主动型基金和被动型基金

（1）主动型基金，一般以寻求取得超越市场的业绩表现为目标，哪个板块赚钱就买哪个板块，可以主动地去选择股票的配置。其基金管理者一般认为证券市场是无效的，存在着错误定价的股票。

（2）被动型基金，一般选取特定的指数成分股作为投资的对象，不主动寻求超越市场的表现，而是试图复制指数的表现，因此通常又被称为指数基金。其投资管理者认为，市场是有效的，投资者不可能超越市场。

6. 按资本来源和流向，可分为国内基金、国际基金、离岸基金及海外基金

（1）国内基金，是基金资本来源于国内，投资于国内金融市场并

受到相关法律监督的基金。一般而言，国内基金在一国基金市场上占主导地位。国内基金的主要投资品种是股票、债券和现金。

（2）国际基金，是基金资本来源于国内但投资于境外金融市场的投资基金。由于各国经济和金融市场发展的不平衡性，因而在不同国家会有不同的投资回报，通过国际基金的跨国投资，可以为本国资本带来更多的投资机会以及在更大范围内分散投资风险，但国际基金的投资成本和费用一般也较高。国际基金有国际股票基金、国际债券基金和全球商品基金等种类。

（3）离岸基金，又称离岸证券投资基金，是指一国的证券基金组织在他国发行证券基金单位并将募集的资金投资于本国或第三国证券市场的证券投资基金。离岸基金的特点是两头在外，一般都在素有“避税天堂”之称的地方注册，如卢森堡、百慕大或开曼群岛等海外管辖区注册成立，因为这些国家和地区对个人投资的资本利得、利息和股息收入都不收税。

（4）海外基金，是由国外投资信托公司发行的基金，基金资本从国外筹集并投资于国内金融市场的基金。透过海外基金的方式进行投资，不但可分享全球投资机会和利得，亦可达到分散风险、专业管理、节税与资产移转的目的。

7. 其他特殊类型

（1）ETF（交易型开放式指数基金），是像股票一样能在证券交易所交易的指数基金，不仅具有股票基金和指数基金的特点，同时还有开放式和封闭型基金的特点。投资者一方面可以向基金管理公司申购或者赎回基金份额，同时又可以像封闭式基金一样在证券市场上按市场价格买卖ETF份额。不同的是，它的申购或赎回都是用的一揽子股票而不是现金。对一般投资者而言，交易所交易基金主要还是在二级市场上进行买卖。由于同时存在证券市场交易和申购赎回机制，投资者可以在ETF市场价格与基金单位净值之间存在差价时进行套利交易。

（2）LOF（上市开放式基金），是指上市开放式基金发行结束之后，投资者既可以在指定网点申购与赎回基金份额，也可以在交易所买卖的基金。LOF主要是面对中小投资者，在股票行情看好的时刻，投资者可以利用其更快的交割制度，从基金投资转到股票投资，提高资金使用效率；在行情难以把握的情况下，投资者可以退而投资基金。LOF的投资者既可以通过基金管理人或其委托的销售机构以基金净值进行基金的申购、赎回，也可以通过交易所市场以交易系统撮合成交价进行基金的买入、卖出。值得注意的是，LOF申购和赎回均以现金方式进行。

（3）伞型基金，是基金的一种组织形式，基金发起人根据一份总的基金招募书，设立多只相互之间可以根据规定的程序及费率水平进行转换的基金。只要投资在任何一家子基金，即可任意转换到另一个子基金，不需额外负担费用。这些基金称为“子基金”或“成分基金”；而由这些子基金共同构成的这一基金体系被称为“伞型基金”。

（4）政府公债基金，指专门投资于直接或间接由政府担保的有价证券的基金。投资对象包括国库券、国库本票、政府债券以及政府机构发行的债券。投资于这种基金的最大优点是安全性高。因为它有政府担保，收益相对稳定，且流动性也大。

基金的认（申）购、赎回和转换

基金作为一种中长期的投资工具，追求的是长期投资收益和效果。实践早已证明了，基金在短期之内是很难战胜股票的，但却能在长期中为你绽放绚烂的财富之花。下面我们就要了解一下基金的认（申）购、赎回和转换具体实施步骤：

1. 认（申）购

基金购买，分认购期和申购期。基金首次发售基金份额称为基金募集，在基金募集期内购买基金份额的行为称为基金的认购，一般认购期最长为一个月。而投资者在募集期结束后，申请购买基金份额的行为通常叫作基金的申购。在基金募集期内认购，一般会享受一定的费率优惠。

举个例子来说，如果你拿出10万元准备认购一只新发行的基金，如果认购费率的标准为1.2%，那么10万元的认购额需要扣除掉的认购费：10万×1.2%=1200元，而余下的98800元则是你投资的净认购额。一般申购费为1.5%，同样是10万元的资金，扣除的申购费用为1500元，净申购为98500元。一般为了鼓励投资者认购新的基金，认购费的比例会低于申购费。但认购期购买的基金一般要经过封闭期才能赎回，这个时间是基金经理用来建仓的，不能买卖，而申购的基金在第二个工作日就可以赎回。

投资者可以在开立基金交易账户的同时办理购买基金，在基金认购期内可以多次认购基金。投资者拿到代销机构的业务受理凭证仅仅表示业务被受理了，但业务是否办理成功必须以基金管理公司的注册登记机构确认的为准，投资者一般在T+2（T指申请日）个工作日才能查询到自己在T日办理的业务是否成功。

投资者在T日提出的申购申请一般在T+1个工作日得到注册登记机构的处理和确认，投资者自T+2个工作日起可以查询到申购是否成功。

理论上，网上交易可以24小时下单，直接到柜台交易的话只要在正常工作时间都可以下单。但下单不代表能买，因为开放式基金的申购价格是按照当日股市收盘后基金公布的净值来确定的。也就是说，如果是在正常工作日当日的下午3点前申购的基金，那么按照当日收盘后基金公司公布的基金净值来确定申购价格。如果是在工作日当日下午3点后申购的基金，那么按照下一个正常工作日收盘后基金公司公布的基金净值来确定申购价格。

在办理开放式基金业务时，需准确提供相关资料，并认真填写相关的表格，如填写有误，申购申请有可能会被拒绝。此外，开放式基金在基金契约、招募说明书规定的情形出现时，会暂停或拒绝投资者的申购。

在基金认购期，基金份额需在基金合同生效后才能确认；在正常工作日，投资者提出申购后的T+2个工作日可查询到申购确认的份额。如果是在银行柜台买的，你可以到那儿去打印交割单，也可以直接到相应的基金公司网站上查询。

认购申购基金采用的是金额认购，一般最低限额是1000元。一般申购基金确认到账后即可要求赎回，但银行和基金公司的具体受理时间是不同的。投资人可以要求基金公司将赎回款项直接汇入其在银行的户头，或是以支票的形式寄给投资人。

2. 赎回

赎回是指基金投资者向基金管理人卖出基金单位的行为。

在生活中，看到基金净值不断地向上涨，对于一部分保守的基民来说，虽然是一件乐事，但仍不如赎回基金“落袋为安”来的安全。不过如果把基金净值的增长完全看作自己的收益，而忘了赎回费用，那这种计算方式也是有问题的。举个例子来说，假如你准备赎回10000份基金，当天的赎回价格为1.2元，赎回费率为0.5%，那么需要扣除掉的赎回费就是1.2×10000×0.5%=60元。值得一提的是保本型基金的申购费虽然比较低，一般是0%～-1.5%，但为了减少提前赎回的情况，它的赎回费可高达1.8%～2%。

同一投资者在每一开放日内允许多次赎回，也可以部分赎回。当然，一般来说，基金的风险性越小费用越低，持有时间越长费用越低，投资额度越大费用越低。各个基金都有规定持有份额的最低数量，例如有的基金规定剩余份额不低于100份，否则在办理部分赎回时自动变为全部赎回。

收取赎回费的本意是限制投资者的任意赎回行为。为了应对赎回产生的现金支付压力，基金将承担一定的变现损失。如果不设置赎回费，频繁而任意的赎回将给留下来的基金持有人的利益带来不利影响。而目前我国的证券市场发展还不成熟，投资者理性不足，可能产生过度投机或挤兑行为，因此，设置一定的赎回费是对基金必要的保护。

基金买卖的手续费比较高，所以，如果每次市场行情下跌时，投资者都选择赎回基金，等市场行情上涨的时候再申购，这无疑会增大投资的成本。现在很多基金公司都为投资者提供了基金转换业务，即在同一家基金公司旗下的不同基金之间进行转换，一般的做法是在高风险的股票型基金与低风险的债券型基金、货币市场基金之间进行相互转换。

投资者利用基金转换业务，可以用比较低的投资成本，规避股市波动带来的风险。通常来说，当股市行情不好时，将手中持有的股票型基金等风险高的投资品种，转换为货币市场基金等风险低的品种，避免因股市下跌造成的损失；当市场行情转好时，再将手中持有的货币市场基金等低风险低收益品种转换成股票型基金或配置型基金，以便充分享受市场上扬带来的收益。

所以，投资者在选择基金时，也应该考虑该基金公司旗下的产品线是否齐全，是否可供市场波动时进行基金转换。另外，投资者需注意的是，不同的基金公司的基金转换业务收费方式不同，具体进行基金转换操作时，需咨询基金公司。

3. 转换

即投资者转换自己的基金配置。各家基金公司对不同基金之间转换的费用标准不一，总的来说，把申购费用低的基金转换成费用高的基金时都需要扣除掉一定的转换费用。比如在震荡行情下，将股票型基金转换成配置型基金以避风险或在高涨行情下将资金暂放货币型基金等待入市良机，既可有手续费的优惠，又可节约时间。因为货币型基金一般没有申购、赎回费，而转换当天就可以确认，解决了基金重新申购时间长、费用高的问题。

需要注意的是，不是所有基金都可以互相转换，一般来说，只有伞型基金（即同一合同下的三支以上的基金）之间可以转换，其他基金的转换事项则需要向基金公司具体查询。

以上列出的认（申）购、赎回、基金转换等费用都是直接由基民来负担的显性费用，事实上在基金的投资中还有一些隐性费用，如管理费、托管费等，货币市场基金和短债基金还要收取一定比例的营销费用。它们虽然不是直接向投资者收取的，却是从基金的总资产中扣除掉，并体现在基金的净值中。因此这些费率的高低，也会对投资者产生一定的影响。

投资基金不可忽视风险

证券投资基金的优点在于规模经营、专家理财、风险分散，但是这并不意味着基金就是无风险的金融工具。任何一种投资都会存在风险，基金不仅存在风险，而且还具有自身的特点。

基金风险是指在一定的条件和一定的时期内，由于各种因素的影响，基金受益的不确定性造成的基金资产损失，或基金持有人利益不能得到保护的可能性及损失的大小。

历史告诉我们，没有只涨不跌的股票市场，也没有只赚不赔的金融产品。认识到基金的风险，投资者就要采取必要的措施以减少风险。因此，对于投资者来说，在投资基金的同时既要明了基金是有风险的，同时也要加强自身基金理财知识储备，做一个理性的基金投资者。

黄晓雨是一位私营企业的员工，月收入在1万元左右，丈夫在医院工作，月收入在8000元左右。结婚几年来，家里已经积攒了不小的一笔存款：活期10万元、半年定期存款5万元、一年期存款10万元，还有2万元的基金。

在理财专家的建议下，黄晓雨重新组合家庭投资，首先，将10万元的活期存款用来进行债券基金投资，再将定期一年的10万元资金取出，用其中的7万元购买股票基金，剩下的3万元购买货币基金，原有的2万元基金则不动，剩余的5万元半年期存款则以备日常之需。

接下来，黄晓雨还每月从家庭收入中拿出1000元进行基金定投。

2013年下半年，随着股市的一片大好，黄晓雨的组合基金，也获得了不错的复合收益，主要是股票基金获利丰厚。2014年年末，黄晓雨选择了赎回正在疯长的股票基金，连本带利共28万元。

她计划再次调整自己的基金组合。这一次，她只在股票基金上投入了3万元，而将债券基金与货币基金都提升到了10万元。此外，黄晓雨还将1000元的基金定投，变成了5000元，并且原有的2万元基金，也在收益为5万时赎回了。

2015年8月，股票开始大幅度下跌，黄晓雨的股票基金缩水了50%。但因及时调整了基金组合，整体上第二次投入的23万元收益接近7万元，再加上赎回原有基金的3万元纯利，以及增加投入后的基金定投收益，这一年的时间里，她获得了近12万元的纯利润。

投资者找到风险与收益之间的平衡点至关重要，要结合自身特点，将风险偏好、风险承受力、期望收益率等因素结合起来，设计一套适合自己的基金组合，并适时随着市场的动向做出适当调整，以获取利益的最大化。

市场上的基金有很多不同的类型。而同类基金中各只基金也有不同的投资对象、投资策略等方面的特点。在选择基金时，您需要注意浏览各种报纸、销售网点公告或基金管理公司的信息，了解基金的收益、费用和风险特征，判断某种基金是否符合您的投资目标。

因此，投资基金需要选择适合自己的基金，才能提高自己的收益，反之收益则不会太理想。女性朋友们应注意以下几个方面：

（1）市场环境。有市场才有机会，在经济周期波动中，必然也会导致理财产品的上下波动。市场下跌无疑会带来风险，而市场过热往往预示着风险的来临。而且，基金市场价格因经济因素、政治因素等各种因素的影响而产生波动时，将导致基金收益水平和净值发生变化，从而给基金投资者带来风险。

（2）基金公司是否值得信赖。一家好的基金公司一定会以客户的利益最大化为目标，其内部控制良好，管理体系比较完善。与此同时，基金经理人的素质和稳定性也很重要，其管理的资产规模大、创新能力强、产品线齐全、口碑好、业绩好的基金更多。尤其强调一点：在基金排行中，前1/3梯队里名字出现最频繁的基金公司绝对是上上之选。

（3）考察基金的历史业绩。注意基金以往业绩是值得参考的一方面内容。不过，在比较基金以往业绩时，不能单纯地看基金的回报率，还必须有相应的背景参照，如相关指数和投资于同类型证券的其他基金。如果一只基金在经历过一轮牛市和熊市之后，业绩仍然能够比较稳定地增长的话，那么它的基金经理人的投资操盘能力应该是非常强的，而且具有一定的可信赖度。这样，如此比较基金业绩是在考虑了风险的前提之下，这样的结果才是公允的比较，这将更有助于你挑选出优秀的基金。

（4）基金规模。有句话说：狼多肉少。一个市场钱就这么多，规模越大越难赚，同时基金经理压力也大，他也怕亏损。所以规模在中等就可以了，像货币基金在300亿～600亿元，股票型基金10亿～30亿元适中。

（5）注意评级。专业的评级机构有很多，选三家足矣。按季度、半年、一年看一下评测报告，就能了解大概情况。一般在三星级中有潜力的基金最多。

（6）投资者所能承受的风险大小。风险除了来自市场和基金公司之外，更多的风险实际是来自于购买基金的人本身。了解自己是投资的第一步。投资前，要对自己目前的经济状况、年龄、健康等有清醒的判断和认识，才能决定是否有能力承受投资在未来一段时间内可能出现的风险。如果个人条件较好的，可以选择一些风险收益偏高的股票型基金投资；相反，就要考虑以债券、货币和一些保守配置型的基金为主进行投资，以防止投资失败对生活造成大的影响。

（7）费用是否适当。投资人应该把营运费用过高的基金排除在选择范围之外。营运费用是指基金年度运作费用，包括管理费、托管费、证券交易费、其他费用等。通常，规模较小的基金可能产生较高的营运费率，而规模相近的基金营运费率应大致在同一水平上。对于有申购费的基金而言，前端收费比后端收费长期来看对投资人有利。在境外，几只基金进行合并时有发生，但合并不应导致营运费用的上升。

（8）基金的投资期限是否与你的需求相符。一般来说，投资期限越长，投资者越不用担心基金价格的短期波动，从而可以选择投资更为积极的基金品种。如果投资者的投资期限较短，则应该尽量考虑一些风险较低的基金。

基于以上几点，投资者应根据基金的风险大小以及投资者自身的风险承受能力不同，把基金的业绩、风险与投资者的风险收益偏好特征相匹配。了解了基金投资的风险，就要想方设法防范这种风险，避免给自己造成损失。

对于投资者来说，可以运用下面的几种方法来规避基金投资的风险：

（1）进行试探性投资。投资者在把握不住时机，想投资却担心造成损失，不投资又怕错失良机时，进行“试探性”投资不失为一种很好的方法。操作方法是，先买进一部分基金以观察动态，然后再进行决策。进行试探性投资后，如果价格走势稳健，且有上涨的可能，便可以继续买进，如果价格趋势向下降，一般在降到一定程度后，再进行买进，以降低平均购进成本。

新入市的投资者在基金投资中，常常把握不住最适当的买进时机。如果没有太大的获利把握就将全部资金都投入进去，就有可能遭受惨重损失。如果投资者先将少量资金作购买基金的投资试探，以此作为是否大量购买的依据，可以减少买进的盲目性和失误率，使投资者在风险发生时不受太大的损失。

（2）通过组合投资分散风险。投资者宜进行基金的组合投资，避免因单只基金选择不当而造成较大的投资损失。其次，如果投资过分集中于某一只基金，就有可能在需要赎回时因为流动性问题无法及时变现。所以同类型的基金或者投资方向比较一致的基金最好不要重复购买，以免达不到分散风险的目的。投资者可以根据自己的实际情况选择两到三家基金公司旗下三只左右不同风险收益的产品进行组合投资，这也是常说的“不要将鸡蛋放在同一个篮子里”。当然，如果数量太多则会增加投资成本，降低预期收益。

（3）长期持有。巴菲特曾经说过："市场对短期投资行为充满敌意，对长期滞留的人却很友好。世界上成功的投资大师，没有做短线交易的。"基金作为一种中长期的投资工具，追求的正是长期投资收益和效果。长期持有也可以降低基金投资的风险，因为市场的大势是走高的。

（4）定期定额投资。基金定投也是降低投资风险的有效方法。目前，很多基金都开通了基金定投业务。投资者只需选择一只基金，向代销该基金的银行或券商提出申请，选择设定每月投资金额和扣款时间以及投资期限，办理完有关手续后就可以坐等基金公司自动划账。目前，很多基金都可以通过网上银行和基金公司的网上直销系统设置基金定投，使用起来也是相当方便。

基金定投的最主要优点是起点低，成本平摊，风险降低。不少基金一次性申购的起点金额为5000元，如果做基金定投，每月只需几百元，长期坚持会积少成多使小钱变大钱，以应付未来对大额资金的需求。而且，最主要的是没有人能保证可以永远在低点买进，在高点卖出。因此定期定额的投资方式是最适合一般投资人的投资方法。如果对于市场的长期趋势是看好的话，强制性定期定额投资可以帮助你在高点的时候少买基金份额，低点的时候多买到基金份额，长期下来，就可以使投资成本趋于市场平均水平，并获得市场长期上涨的平均收益。

第七章
股票：女人天生会炒股

〔美〕威廉·欧奈尔

不要懵懵懂懂地随意买股票，要在投资前扎实地做一些功课，才能成功！

想成为炒股达人，股票知识不可少

股票至今已有将近400年的历史，伴随着股份公司的诞生和发展，以股票形式集资入股的方式也得到了发展，并且产生了买卖交易转让股票的需求。这样，就带动了股票市场的出现和形成，并促进了股票市场的完善和发展。

股票，是股份公司发给股东证明其所入股份的一种有价证券，是股份公司为筹集资金而发行给各个股东作为持股凭证并借以取得股息和红利的一种有价证券。股东还有权出席股东大会，选举董事会，参与企业经营管理的决策，但也要共同承担公司运作错误所带来的风险。获取经常性收入是投资者购买股票的重要原因之一，分红派息是股票投资者经常性收入的主要来源。此外，股票是一种永不偿还的有价证券，一旦购入股票，就无权向股份公司要求退股，股东的资金只能通过股票的转让、买卖来收回，将股票所代表着的股东身份及其各种权益让渡给受让者。股票具有高收益、高风险、可转让、交易灵活、买卖方便等特点。不过，目前投资人在投资股票时，通常不期望获得该公司股东所享有的出席及管理的权利，而是着眼于股票增值上扬获利。

股票适合经济状况良好，能承受一定风险的个人和家庭投资者。谨慎地介入股市，也是一条有效的个人投资理财途径。

当小赵看见身边的朋友大把大把地从股市里捞钱，以为这是让自己一夜暴富的捷径。于是，她也把自己不多的积蓄全部投入股市，开始也是赚钱的，多的时候一天10%的涨幅，这对小赵产生了无法抗拒的诱惑。

苦于资金太少，为了能赚到更多的钱，小赵开始借贷，炒起高风险高收益的权证。不料最终亏了个血本无归。

追债人追到家里，小赵的父母只好凑了钱帮忙还债。但小赵却没有收手，她就像一个被逼疯了的赌徒一样，总是寄望于最后一次借钱，最后再炒一次，等赢回钱，翻回本就收手。可是运气不济，每次她都是以钱被亏光为止。小赵家不富裕，面对这个独生女儿，父亲彻底失望了。

这一次，小赵孤注一掷，一下借了十万。孰料，仍是失算。家里已经还不起了……

股票可以让你的财富在短时间内涨好几倍、几十倍，让你快速奔向小康社会；股票也可以让你的财富缩水、再缩水，让你一夜之间回到“解放前”。所以，女性朋友们想在股市上获利，首先必须掌握一系列股票的基本知识。

1. 根据股东的权利，股票可分为普通股和优先股

（1）普通股，指的是在公司的经营管理和盈利及财产的分配上享有普通权利的股份，代表满足所有债权偿付要求及优先股东的收益权与求偿权要求后对企业盈利和剩余财产的索取权。它构成公司资本的基础，是股票的一种基本形式，也是发行量最大、最为重要的股票。目前在上海和深圳证券交易所交易的股票都是普通股。

股份有限公司根据有关法规的规定以及筹资和投资者的需要，可以发行不同种类的普通股：

①按股票有无记名，分为记名股和不记名股。

记名股，是在股票票面上记载股东姓名或名称的股票。这种股票除了股票上所记载的股东外，其他人不得行使其股权，且股份的转让有严格的法律程序与手续，需办理过户。中国《公司法》规定，像发起人、国家授权投资的机构、法人所发行的股票，应为记名股。

不记名股，是票面上不记载股东姓名或名称的股票。这类票的持有人即股份的所有人，具有股东资格，股票的转让也比较自由、方便，无须办理过户手续。

②按股票是否标明金额，分为面值股票和无面值股票。

面值股票，是在票面上标有一定金额的股票。持有这种股票的股东，对公司享有的权利和承担的义务大小，依其所持有的股票票面金额占公司发行在外股票总面值的比例而定。

无面值股票，是不在票面上标出金额，只载明所占公司股本总额的比例或股份数的股票。无面值股票的价值随公司财产的增减而变动，而股东对公司享有的权利和承担义务的大小，直接依股票标明的比例而定。2012年，中国《公司法》不承认无面值股票，规定股票应记载股票的面额，并且其发行价格不得低于票面金额。

③根据投资主体，分为国有股、法人股及社会公众股。

国有股。由于我国大部分股份制企业都是由原国有大中型企业改制而来的，因此，国家股在公司股权中占有较大的比重。通过改制，多种经济成分可以并存于同一企业，国家则通过控股方式取得国有股权，用较少的资金控制更多的资源，巩固了公有制的主体地位。

法人股，是指企业法人或具有法人资格的事业单位和社会团体，以其依法可经营的资产向公司非上市流通股权部分投资所形成的股份。如果该法人是国有企业、事业及其他单位，那么该法人股为国有法人股；如果是非国有法人资产投资于上市公司形成的股份则为社会法人股。

社会公众股，是指我国境内个人和机构，以其合法财产向公司可上市流通股权部分投资所形成的股份。我国投资者通过股东账户在股票市场上买卖的股票都是社会公众股。我国公司法规定，单个自然人持股数不得超过该公司股份的5‰。

④根据股票的上市地点和所面对的投资者，分为A股、B股、H股、N股和S股。

A股，即人民币普通股，是由中国境内公司发行，供境内机构、组织或个人（从2013年4月1日起，境内、港、澳、台地区居民可开立A股账户）以人民币认购和交易的普通股股票。A股以无纸化电子记账，实行“T+1”交割制度，有涨跌幅（10%）限制。

B股，即人民币特种股票。它是以人民币标明面值，以外币认购和买卖，在境内（上海、深圳）证券交易所上市交易的。在深圳交易所上市交易的B股按港元单位计价；在上海交易所上市的B股按美元单位计价。B股以无纸化电子记账，实行“T+3”交割制度，有涨跌幅（10%）限制，参与投资者为香港、澳门、台湾地区居民和外国人，持有合法外汇存款的大陆居民也可投资。

H股，也称国企股，指注册地在内地、上市地在香港的外资股。H股为实物股票，实行“T+0”交割制度，无涨跌幅限制。中国地区机构投资者、国际资本投资者可以投资于H股，个人直接投资于H股尚需时日。

N股，是指那些在中国大陆注册、在纽约上市的外资股。

S股，是指那些在中国大陆注册、在新加坡上市的外资股。

（2）优先股，是“普通股”的对称。是股份公司发行的在分配红利和剩余财产时比普通股具有优先权的股份。优先股也是一种没有期限的有权凭证，优先股股东一般不能在中途向公司要求退股（少数可赎回的优先股例外）。优先股的优先权主要表现在股息领取优先权及剩余资产分配优先权。优先股的分类主要有以下几种：

①累积优先股和非累积优先股。

累积优先股是指在某个营业年度内，如果公司所获的盈利不足以分派规定的股利，日后优先股的股东对往年来付给的股息，有权要求如数补给。对于非累积的优先股，虽然对于公司当年所获得的利润有优先于普通股获得分派股息的权利，但如果该年公司所获得的盈利不足以按规定的股利分配时，非累积优先股的股东不能要求公司在以后年度中予以补发。一般来讲，对投资者来说，累积优先股比非累积优先股具有更大的优越性。

②参与优先股与非参与优先股。

当企业利润增大，除享受既定比率的利息外，还可以跟普通股共同参与利润分配的优先股，称为参与优先股。除了既定股息外，不再参与利润分配的优先股，称为非参与优先股。一般来讲，参与优先股较非参与优先股对投资者更为有利。

③可转换优先股与不可转换优先股。

可转换的优先股是指允许优先股持有人在特定条件下把优先股转换成为一定数额的普通股。反之，就是不可转换优先股。可转换优先股是近年来日益流行的一种优先股。

④可收回优先股与不可收回优先股。

可收回优先股是指允许发行该类股票的公司，按原来的价格再加上若干补偿金将已发生的优先股收回。当该公司认为能够以较低股利的股票来代替已发生的优先股时，就往往行使这种权利。反之，就是不可收回的优先股。

2. 配股及转配股

（1）配股，是上市公司根据公司发展的需要，依据有关规定和相应的程序，旨在向原股东进一步发行新股，筹集资金的行为。按照惯例，公司配股时新股的认购权按照原有股权比例在原股东之间分配，即原股东拥有优先认购权，可自由选择是否参与配股。若选择参与，则必须在上市公司发布配股公告中配股缴款期内参加配股，若过期不操作，即为放弃配股权利，不能补缴配股款参与配股。一般的配股缴款起止日为5个交易日，具体以上市公司公告为准。

（2）转配股，又称公股转配股，是我国股票市场特有的产物。国家股、法人股的持有者放弃配股权，将配股权有偿转让给其他法人或社会公众，这些法人或社会公众行使相应的配股权时所认购的新股，就是转配股。

转配股虽然能解决国家股东和法人股东无力配股的问题，但它造成国家股和法人股在总股本中的比重逐渐降低的状况，长此以往会丧失控股权。同时，转配股产生了不能流通的社会公众股，影响了投资者的认购积极性，带来了股权结构的混乱。为克服转配股的局限性，越来越多上市公司的国家股东和法人股东，纷纷以现金或者以资产折算为现金参加配股，大大提高了公司的实力，既保证股权不被稀释，又鼓舞了社会公众对上市公司的投资信心。

3. 根据股票业绩的表现，可分为蓝筹股、绩优股和垃圾股

（1）蓝筹股。"蓝筹"一词源于西方赌场，在西方赌场中，有三种颜色的筹码，其中蓝色筹码最为值钱，红色筹码次之，白色筹码最差，投资者把这些行话套用到股票上，他们把那些在其所属行业内占有重要支配性地位、业绩优良，成交活跃、红利优厚的大公司股票称为蓝筹股。

蓝筹股一般可以分为：一线蓝筹股、二线蓝筹股、绩优蓝筹股、大盘蓝筹股及蓝筹股基金。

①一线蓝筹股，是指业绩稳定，流股盘和总股本较大，即权重较大的个股。

②二线蓝筹股，是指在市值、行业地位上以及知名度上略逊于一线蓝筹股的公司，但其整体表现仍然良好的个股。

③绩优蓝筹股，是从不同的蓝筹股中因对比而衍生出的词，是以往业内已经公认业绩优良、红利优厚、保持稳定增长的公司股票，而"绩优"是从业绩表现排行的角度，优中选优的个股。

④大盘蓝筹股，从各国的经验来看，那些市值较大、业绩稳定、在行业内居于龙头地位并能对所在证券市场起到相当大影响的公司股票称

为大盘蓝筹股。按照美国的标准，市值高于100亿美元的称为大盘股，高于10亿美元的称为中盘股。

⑤蓝筹股基金，是指该基金主要用于购买蓝筹股的基金。

（2）绩优股，是业绩优良且比较稳定的公司的股票。这些公司经过长时间的努力，具有较强的综合竞争力与核心竞争力，在行业内有较高的市场占有率，形成了经营规模优势，利润稳步增长，市场知名度很高。在我国，投资者衡量绩优股的主要指标是每股税后利润和净资产收益率。一般而言，每股税后利润在全体上市公司中处于中上地位，公司上市后净资产收益率连续三年显著超过10%的股票当属绩优股之列。

（3）垃圾股，顾名思义就是那些业绩较差，问题多的个股。一般是指评级为非投资级的股票（BB以下），每股收益在0.10元以下的个股均可称作垃圾股。

投资垃圾股的风险大，所以风险回报率（收益率）也高，20世纪80年代末，美国兴起了垃圾股投资热潮。特别是在企业上市受到一定约束的情况下，上市公司起码还具有“壳资源”的。在实际股市里，有一些垃圾股的股价远远超过绩优股的股价。因此垃圾股炒作还是值得考虑的。

4．根据股票交易价格的高低，分为一线股、二线股和三线股

（1）一线股，指股票市场上价格较高的一类股票。这些股票业绩优良或具有良好的发展前景，股价领先于其他股票。大致上，一线股等同于绩优股和蓝筹股。一些高成长股，比如我国证券市场上的一些高科技股，由于投资者对其发展前景充满憧憬，它们也位于一线股之列。一线股享有良好的市场声誉，为机构投资者和广大中小投资者所熟知。

（2）二线股，是价格中等的股票。这类股票在市场上数量最多。二线股的业绩参差不齐，但从整体上看，它们的业绩也同股价一体在全体上市公司中居中游。

（3）三线股，指价格低廉的股票。这些公司大多业绩不好，前景不妙，有的甚至已经到了亏损的境地。也有少数上市公司，因为发行量太大，或者身处夕阳行业，缺乏高速增长的可能，难以塑造出好的投资概念来吸引投资者。这些公司虽然业绩尚可，但股价徘徊不前，也被投资者视为了三线股。

如何选择一只好股票

股票投资具有高回报的优势，但是其浮动大，也很有可能发生亏损。这样看来，一只好股就成为重中之重。曾经有一个新股民问一位正在讲授股票价格分析方法的专家说："老师，请您直接告诉我，购买哪只股票能够赚到钱呢？"专家笑着说："如果我能准确预知哪只股票赚钱，我早就到华尔街去了。"

在投资股市的过程中，选股是关键，但凡有所收获的投资者，都会在选股上下足功夫。因此，在进入股市之前，一定要先做好充分的准备工作，并且，选股时决不能依靠小道消息，更不能毫无主见，而应当在实践中积累专业知识，总结自己每一次的经验教训。

对于股票投资者来讲就是要买进和卖出一定品种、一定数量的股票。然而面对交易市场上令人眼花缭乱的众多股票，到底买哪只或哪几只好呢？这涉及的问题很多，其实股票投资的关键就在于解决买什么股票、如何买的问题。

股神巴菲特以100美元起家，通过投资而成为拥有数百亿美元财富的世界级大富豪。纵观巴菲特四十多年的股坛生涯，其选股共有22只，投资61亿美元，赢利318亿美元，平均每只股票的投资收益率高达5.2倍以上，创造了有史以来最为惊人的股坛神话。其实，巴菲特发迹的秘密就在于：选择好股票，然后长期拥有。

由此可以看出，股票投资的关键就在选择股票上，在于会挑选好企业的股票。如果我们想选择可以盈利的股票，首先要学会选择有盈利的上市公司，然后持有其股票。

巴菲特曾说过，优秀企业就是业务清晰易懂，业绩持续优异，由能力非凡且为股东着想的管理层来经营的大公司。凡是遵循以上所说的标准去选股，就一定能够找到好的股票。

1．企业管理者的素质

企业的竞争其实就是人才的竞争，管理者的水平十分重要。特别是在企业迅速发展的时期，企业的规模急剧扩张，需要有高素质的管理者和良好的管理制度来掌好前进的舵。管理者素质不够，企业管理水平跟不上企业发展的需要时，企业经营很容易偏离发展的轨道而陷入泥潭。

同样条件下，有一个优秀的管理团队的企业会发展更快，利润增长更多。优秀的管理者和管理团队不仅让企业眼前发展迅速，也会创造企业文化，提高企业的竞争力，并且从战略高度为企业未来发展指引方向。

我们买股票，就是买上市公司的未来。一个优秀的管理团队势必带出一个高成长性的上市公司。投资者可以从网络、报纸和一些财经周刊上了解上市公司管理者的情况，定期参加一些企业的访谈节目，或者从电视等媒体收看企业老总访谈。从对他们的访谈中了解这个企业的经营、领导者的素质。有可能的话，最好实地考察这个企业的人事制度、决策机构等。

2. 企业产品周期和新产品情况

了解一个企业产品的销售情况、研发支出、同行业的销售情况、新产品的开发程度、新产品的价格及产品的市场垄断程度等。

同时还要关注行业的生存前景。因为一项新的技术发明所推出的新产品可能成为现有产品的替代品，淘汰现有产品，进而使生产这类产品的行业或企业的生存受到威胁。例如，当市场出现智能手机之后，这一新的产品会使愈来愈多的人放弃使用老式的手机，从而老式手机行业将逐步萎缩。

技术因素的另一面就是它能增强某一行业的竞争力和发展空间。例如，生物技术领域的一些成果可以直接提高农作物的产量和产品附加值，进而提高整个农业的产出效率。民用航空技术就可促进运输业的繁荣，进而带动旅游业收入的增加。

3. 企业的财务报表分析

企业的财务报表是我们得到上市公司信息的主要来源，可惜很多股票投资者喜欢听一些小道消息，或者专家推荐的股票，而不去自己研究上市公司。其实我们读懂上市公司的财务报表，其中的利润、资产、负债表是投资者决策的重要依据。我们看企业财务表，只需要了解几个关键的分析数据就可以了。

上市公司的财务报表是公司的财务状况、经营业绩和发展趋势的综合反映，是投资者了解公司、决定投资行为的最全面、最可靠的第一手资料。

了解股份公司在对一个公司进行投资之前，首先要了解该公司的下列情况：公司所属行业及其所处的位置、经营范围、产品及市场前景；公司股本结构和流通股的数量；公司的经营状况，尤其是每股的市盈率和净资产；公司股票的历史及目前价格的横向、纵向比较情况等。

在当前市场环境中如何精选个股，一些投资高手也理出了下面几条基本原则，可作为投资股票时的参考：

（1）选择自己熟悉的股票。容易了解情况，能适时地得到这些公司的各种消息。如果公司有利好题材股可以快人一步抢进，利空来临则能抢先出逃。

（2）了解上市公司的行业。对上市公司所处行业的特性进行分析，再结合自己的投资策略选择股票。

（3）关注上市公司在行业中的地位。如果上市公司是行业龙头或垄断行业的，投资者要关注以下方面：现金流、公基金充足的，显示企业基本财务状况较好；市盈率较低，最好是在10倍左右，表明未来还有一定的上涨空间；要有机构投资者看好，从公开信息中可以看到流通大股东中有基金、保险或社保基金进驻的则多为资质优良的公司。

（4）选择那些不著名但成长性好的上市公司。这些公司经营规模上来了，其发展可能会一日千里，是潜在的大黑马。

（5）选择题材股。这类股票由于有炒作题材，必然会引起主力大户的注意，反复炒作。适时介入这类股票，待题材明朗时抛出，会有较为丰厚的获利。

（6）选择小盘股。一般来说，小盘股筹码较少，机构庄家容易吸筹，一旦介入往往急速飙升，经常成为股市中的黑马。

（7）选择逆市上行的个股。这类股往往是强势股，股价大涨小回，往往逆市上行，说明庄家资金雄厚，操盘手法娴熟，且这类个股多数都有一定的题材，庄家才敢于逆市坐庄。

（8）选择突破阻力线的股票。突破阻力线的股票，表明卖压减轻，应果断跟进，后市会有一段可观的升幅。

（9）选择换手率高的股票。换手率高的股票，由于筹码得到了充分消化，每个人的成本较高，卖压越来越轻，未来走势肯定有出众的表现，而且换手率高的股票，说明投资大众对其热烈追捧，庄家呵护有加，后市会飙升。

（10）选择大手成交的股票。成交量是投资大众购买股票欲望强弱的直接表现，人气的聚散数量化就是成交量。成交量是股市的元气，股价只不过是它的表征而已。所以，成交量通常比股价先行。如果某个个股成交量放大，而且抛出的筹码被大手承接，显然有主力介入，股价稍有回调即有人跟进，这类个股无疑就是明天的黑马。

当然，上述内容也要综合考虑，符合的条件越多越好，将选好的个股先行跟踪考察一段时间，以长线指标进行观察，最后再决定是否下单。总之，股民精选个股，既不能道听途说，也不能轻信股评和所谓理财专家的建议，一定要精心做好准备，冷静观察，仔细分析，自己选股。

掌握股票买卖的最佳时机

炒股的规则只有两个字：买和卖。炒股看起来很简单，但其实取胜的概率并不高。投资股票常伴随着风险，变动性也很大，股票只能根据个人买卖的结果来确定获利的高低，因此炒股是一项不太容易赚钱的投资活动。

作为一般股民，买股票主要是买未来，希望买到的股票未来会涨。炒股有几个重要因素——量、价、时，时即为介入的时间，这是最为重要的。介入时间选得好，就算股票选得差一些，也会有赚；相反介入时机不好，即便选对了股也不会涨，而且还会被套牢。所谓好的开始即成功了一半，选择“买卖”点非常重要。

小静在2012年进入股市，开始只是尝试着买了几只股票，没想到收益还不错。年底，在朋友的大力推荐下，以19元的价格买入了某股票，自从购买这只股票后就一路走高，至2013年6月还达到了最高点的48.50元。

在这期间，朋友多次劝小静该获利出局了，可她认为基于良好的分红预期，该股票还将会继续往上涨。然而，她的预想落空了，该股票很快一路走低。虽然后来在分红之前又一次达到40元的高点，她还梦想着它能涨到45元，但到了年底，该股票仍然跌个不停，小静只好以20元清仓。

这一次的炒股经历给了小静很大的教训。2015年年初她又以10.95元的价格购入了一只股票，两个月之后，这只股票就涨到了35.56元。经过上一次的教训以后，这次她见好就收，在股票涨到了38.65元时全部清仓，这次小静获得了丰厚的收益。

在股市投资过程中，专业散户必须要会看、会瞄、会跟、会思、会选、会逃、会分析、会判断……简而言之，就是要会正确地买入与卖出。

那么，投资者该如何把握股票的买入点呢？具体来说，可以根据以下几个方面来确定股票的最佳买入点：

1. 根据消息面判断短线买入时机

当大市处于上升趋势初期出现利好消息，应及早介入；当大市处于上升趋势中期出现利好消息，应逢低买入；当大市处于上升趋势末期出现利好消息，就逢高出货；当大市处于跌势中期出现利好消息，短线可少量介入抢反弹。

2. 根据基本面判断买入时机

股市是国民经济的“晴雨表”。在国民经济持续增长的大好环境作用下，股市长期向好，大盘有决定性的反转行情，坚决择股介入。

长期投资一只个股，要看它的基本面情况。根据基本面，业绩属于持续稳定增长的态势，那完全可以大胆介入；如果个股有突发实质性的重大利好，也可择机介入，等待别人来抬轿。

3. 根据行业政策判断买入时机

根据国家对某行业的政策，以及行业特点、行业公司等情况，买入看好的上市公司，比如国家重点扶持的农业领域，在政策的影响下，具有代表性的农业类上市公司就是买入的目标。

4. 根据趋势线判断短线买入时机

中期上升趋势中，股价回调不破上升趋势线又止跌回升时是买入时机；股价向上突破下降趋势线后回调至该趋势线上是买入时机；股价向上突破上升通道的上轨线是买入时机；股价向上突破水平趋势线时是买入时机。

5. 根据成交量判断短线买入时机

（1）股价上升且成交量稳步放大时。底部量增，价格稳步盘升，主力吸足筹码后，配合大势稍加拉抬，投资者即会加入追涨行列，放量突破后即是一段飙涨期，所以第一根“巨量长阳”宜大胆买入，可有收获。

（2）缩量整理时。久跌后价稳量缩。在空头市场，媒体上都非常看坏后市，但一旦价格企稳，量也缩小时，可买入。

6. 天灾时买入

所谓“天灾”，是指上市公司遇到台风、地震、水灾、火灾等自然灾害，导致公司的生产经营受到严重破坏，造成一定的经济损失，使该公司股价急剧下降，甚至出现大多数股民的恐慌抛售使股价大幅下跌。其实这只是一般股民把天灾造成的损失无限扩大，实际损失往往并不大，而且公司还可获得保险公司的合理赔偿。等到天灾过后，股价就会顺理成章地回升，若已经大量买入则盈利势在必然。因此，当发生“天灾”时，股民应当谨慎观察，认真研究，然后再决定是否买入。

7. 根据K线形态确定买入时机

（1）底部明显突破时为买入时机。比如：W底、头肩底等，在股价突破颈线点，为买点；在相对高位的时候，无论什么形态，也要小心为妙；另外，当确定为弧形底，形成10%的突破，为大胆买入时机。

（2）低价区小十字星连续出现时。底部连续出现小十字星，表示股价已经止跌企稳，有主力介入痕迹，若有较长的下影线更好，说明多头位居有利地位，是买入的较好时机。重要的是：价格波动要趋于收敛，形态必须面临向上突破。

8. 根据移动平均线判断买入时机

（1）上升趋势中股价回档不破10日均线是短线买入时机。上升趋势中，股价回档至10日均线附近时成交量应明显萎缩，而再度上涨时成交量应放大，这样后市上涨的空间才会更大。

（2）股价有效突破60日均线时是中线买入时机。当股价突破60日均线前，该股下跌的幅度越大、时间越长越好，一旦突破之后其反转的可能性也将越大。

当股价突破60日均线后，需满足其均线拐头上行的条件才可买入。若该股突破均线后其60日均线未能拐头上行，而是继续走下行趋势时，则表明此次突破只是反弹行情，投资者宜买入。

如果换手率高，30日均线就是股价中期强弱的分界线。

9. 根据周线与日线的共振、二次金叉等几个现象寻找买点

（1）周线与日线共振。周线反映的是股价的中期趋势，而日线反

映的是股价的日常波动，若周线指标与日线指标同时发出买入信号，信号的可靠性便会大增。如周线KDJ与日线KDJ共振，常是一个较佳的买点。日线KDJ是一个敏感指标，变化快，随机性强，经常发生虚假的买、卖信号，使投资者无所适从。运用周线KDJ与日线KDJ共同金叉（从而出现“共振”），就可以过滤掉虚假的买入信号，找到高质量的买入信号。不过，在实际操作时往往会碰到这样的问题：由于日线KDJ的变化速度比周线KDJ快，当周线KDJ金叉时，日线KDJ已提前金叉几天，股价也上升了一段，买入成本已抬高。为此，激进型的投资者可在周线K、J两线勾头、将要形成金叉时提前买入，以求降低成本。

（2）周线二次金叉。当股价经历了一段下跌后反弹起来突破30周线位时，我们称为“周线一次金叉”。不过，此时往往只是庄家在建仓而已，我们不应参与，而应保持观望。当股价再次突破30周线时，我们称为“周线二次金叉”，这意味着庄家洗盘结束，即将进入拉升期，后市将有较大的升幅。此时可密切注意该股的动向，一旦其日线系统发出买入信号，即可大胆跟进。

10. 买跌策略

买跌策略是指投资者购买股价正在下跌股票的投资方法。选择那些股价跌入低位的成长股作为投资对象，风险小，收益大。当然，这种方法要对股票的内在素质进行深入研究，只有在认定该股具有上涨潜力后才能购买，而那些业绩、成长性、前景不乐观的股票是不能轻易购买的。此外还需确定股市与个股的大趋势没有发生根本逆转，否则将损失惨重。

通过以上几个方面，我们可以发现买股票虽然不容易，但卖股票同样也是一门大学问。事实上，一个真正成功的股民在懂得买股票的基础上，也要懂得在最适当的时机卖出股票。

“只有傻瓜才会等着股价到达最高位”，一定要学会见好就收。

由此，对投资者来说，该如何找到卖出股票的关键时机呢？

1. 高位十字星为风险征兆

上升较大空间后，大盘系统性风险有可能正在孕育爆发，这时必须格外留意日K线。当日K线出现十字星或长上影线的倒锤形阳线或阴线时，是卖出股票的关键。日K线出现高位十字星显示多空分歧强烈，局面或将由买方市场转为卖方市场，高位出现十字星犹如开车遇到十字路口的红灯，反映市场将发生转折，为规避风险可出货。

2. 大盘行情形成大头部时，坚决清仓全部卖出

上证指数或深综合指数大幅上扬后，形成中期大头部时，是卖出股票的关键时刻。根据历史统计资料显示：大盘形成大头部下跌，竟有90%～95%以上的个股形成大头部下跌。大盘形成大底部时，有80%～90%以上的个股形成大底部。大盘与个股的联动性相当强，少数个股在主力介入操控下逆市上扬，这仅仅是个别现象。因此，大盘一旦形成大头部区，要果断分批卖出股票。

3. 长上影线须多加小心

长上影线是一种明显的见顶信号。上升行情中股价上涨到一定阶段，连续放量冲高或者连续3～5个交易日连续放量，而且每日的换手率都在4%以上。当最大成交量出现时，其换手率往往超过10%，这意味着主力在拉高出货。如果收盘时出现长上影线，表明冲高回落，抛压沉重。如果次日股价又不能收复前日的上影线，成交开始萎缩，表明后市

将调整，遇到此情况要坚决减仓甚至清仓。

4．股价大幅上扬后，除权日前后是卖股票的关键时机

上市公司年终或中期实施送配方案，股价大幅上扬后，在股权登记日前后或除权日前后，往往形成冲高出货的行情，一旦该日抛售股票连续出现十几万股的市况，应果断卖出，反映主力出货，不宜久持该股。

5．该股票周K线上6周RSI值进入80以上时，应逢高分批卖出

买入某只股票，若该股票周K线6周RSI值进入80以上时，几乎90％构成大头部区，可逢高分批卖出，规避下跌风险为上策。

当然，在这里需要提醒投资者注意的是，以上所提及的每种方法都有一定程度的不完善之处，因此在使用时不可过于生搬硬套。此外，投资者需要特别注意的是期望在最高点卖出只是一种奢望，唯有保持平和的心态，见好就收才是正确的股票投资方法。

妥善控制股市风险

“股市有风险，入市须慎重”。对于投资者而言，风险控制永远比获取利润更为重要。炒股其实是一把双刃剑，既可能给你带来巨大的收益，也可能给你带来巨大的损失。

2012年，小玲工作之余开始炒股，最初她以一万元的资金投入，收益能达到10%左右，初入股市带给了她很大惊喜。为了获益更多，她干脆将自己所有的积蓄都投入到股市中。从那以后，只要工作不是很忙她便盯着大盘。

2015年股市大涨后下跌，小玲的股票账户严重缩水，可是因为对前期盈利的留恋，让她不忍在现在这个状况下割肉。直到2015年8月份，她股票账户里曾经的30万元，现在只剩下十几万元被深深套牢了！

小玲便是在没有充分认识到股市风险的情况下，就贸然进入股市，这一点注定了她只能以失败而告终。

小周有一位朋友是炒股高手，在股市里赚了不少钱，他也心动了，于是拿出5万元现金在朋友的指点下购入一只股票。经过一年多的学习实践，小周收获颇丰，他也有了自己独特的心得，那就是炒股应该设置一个有效的止损点。

2011年的沪深两市下跌约20%，从总体来看，市值大幅缩水，个人投资者和机构投资者亏损成为常态。不少投资者都持观望的态度，不敢轻易地再次进军股市，但小周坚持自己的炒股思路。他先后以30万元购买了几只熟悉的股票，并分别设置了一个止损点，只要股票达到了止损点，他就果断清仓卖出，从不犹豫。凭借这样的操作手法，小周不单因及时清仓而避免被牢牢套住，还小有盈余。

在现实生活中，不少投资者并不是没有设置止损点，而是设置了却没有及时执行。尽管他们也知道行情趋势上已经破位，但在“患失”心态的影响下，总想再看一看市场情况，从而导致错过了止损的大好时机。

可见，股民必须要对股票的投资有一定的风险控制策略，也只有这样才可能避免损失。对于个体投资者而言，成功的风险控制主要分为以下几点：

1. 认清投资环境，把握投资时机

在股市中常听到这样一句话：“选择买卖时机比选择股票更重要。”所以，女性朋友们在投资股市之前，应该首先认清投资的环境，避免逆势买卖。否则，在没有做空机制的前提下，你选择熊市的时候大举进攻，而在牛市的时候却鸣金收兵、休养生息，不能不说是一种遗憾。

（1）宏观环境。股市与经济环境、政治环境息息相关。

当经济衰退时，股市萎缩，股价下跌；反之，当经济复苏时，股市繁荣，股价上涨。

政治环境亦是如此。当政治安定、社会进步、外交顺畅、人心踏实时，股市会变得繁荣，股价上涨；反之，当人心慌乱时，股市必定会萧条，股价下跌。

（2）微观环境。假设宏观环境非常乐观，股市进入牛市行情，那是否意味着随便建仓就可以赚钱了呢？也不尽然。尽管牛市中确实可能会出现鸡犬升天的局面，但是牛市也有波动。如果你入场时机把握不好，为利益引诱盲目进入建仓，却正好赶上了一波涨势的尾部，那么牛市你也会亏钱，甚至亏损得十分严重。所以，在研究宏观环境的同时，还要仔细研究市场的微观环境。

2. 掌握必要的股票专业知识

炒股不是一门科学，而是一门艺术。但艺术同样需要扎实的专业知识和基本技能。你能想象一位音乐大师不懂五线谱吗？所以，花些时间和精力学习一些基本的股票知识和股票交易策略，才有可能成长为一名稳健而成功的股票投资人。否则，只想靠运气赚大钱，即使运气好误打误撞捞上一笔，你也不可能幻想好运气永远伴随着你。

3. 确定合适的投资方式

股票投资采用何种方式因人而异。一般而言，不以赚取差价为主要目的，而是想获得公司股利的投资者多采用长线交易方式。平日有工作，没有太多时间关注股票市场，但有相当的积蓄及投资经验的投资者，多适合采用中线交易方式。空闲时间较多，有丰富的股票交易经验、反应灵活的人，采用长中短线交易均可。如果喜欢刺激，经验丰富，时间充裕，反应快，这样的人则可以进行日内交易。

4. 制定周详的资金管理方案

俗语说："巧妇难为无米之炊。"股票交易中的资金，就如同我们赖以生存、解决温饱的大米一样。"大米"有限，不可以任意浪费和挥霍。因此，投资者如何将有限的"米"用于"炒"一锅好饭，便成为极重要的课题。

股票投资人一般都将注意力集中在市场价格的涨跌之上，愿意花很多时间去打探各种利多、利空消息，研究基本因素对价格的影响，研究技术指标作技术分析，希望能做出最标准的价格预测，但却常常忽略了本身资金的调度和计划。

其实，在弱肉强食的股市中，必须首先制定周详的资金管理方案，对自己的资金进行最妥善的安排并切实实施，才能确保资金的风险最小。只有保证了资金风险最小，才能使投资者进退自如，轻松面对股市的涨跌变化。

5. 正确选择股票

选择适当的股票是投资前应考虑的重要工作。正确选择股票，则可能会在短期内获得赢利；如果错误选择股票，则可能天天看着其他股票节节攀升，而自己的股票却如老牛拖车般停滞不前，甚至狂跌不止。

6. 控制资金投入比例

在行情初期，不宜重仓操作。在涨势初期，最适合的资金投入比例为30%。这种资金投入比例适合于空仓或者浅套的投资者采用，对于重仓套牢的投资者而言，应该放弃短线机会，将有限的剩余资金用于长远规划。

7. 投资分散

有一种理论说：不要将鸡蛋放到一个篮子里面。其意思是分散风险，这本来没有错，可是我们看到许多散户没有正确地理解这个意思。投资过于分散有很大的弊病：第一，持有股票多肯定使持仓的成本要上升，因为买100股肯定要比买1000股付出的平均手续费要高；第二，你不可能有精力对多只股票进行跟踪；第三，最糟糕的是这样买股票你就算是买到了黑马也不可能赚到钱，说不定还要赔。因为一匹黑马再大的力气也拉不动装着10头瘸驴的车，这是很自然的事情。

8. 懂节制，不该贪心时坚决不贪

一个资产上亿的富翁，拿出100万元来炒股，就算他想一年赚1000倍，这也不叫贪心，只能说这对他而言是个有挑战性的游戏。而如果一个总资产只有10万元的工薪阶层，拿出9万元来做投资，只想一年赚10%，这就叫不贪之贪。倘若你把房产拿去抵押或刷信用卡透支或找亲朋好友们集资来投资基金或股票，哪怕你只想赚1%，那都是贪心至极。

投资的正确心理应该是：该贪时必须贪，不该贪时坚决不贪。你有10万元资产，拿出1万元来炒股，你想赚10倍，这不叫贪心。相反，如果你只赚了10%就收手，不仅是傻，而且还非常危险。因为市场不会总是提供那些低风险的投资机会给你，下一次你可能要追高买进，而紧接着又可能会赶上大跌，你反而变成了亏损，这就是该贪而不贪的结局。

9. 懂得适可而止，坚持停损卖出

股市风险不仅存在于熊市中，在牛市行情中也一样有风险。在股市脱离其内在价值时，股民应执行投资纪律，坚决离开。即使是那些炒股高手，在设定了停损点，停损卖出时也绝不犹豫。但是炒股赔钱的人远

比赚钱的人更多，这都是因为没有坚持停损卖出的原则。

10. 会割肉才不会吃大亏

这个错误有两个方面：第一，不愿割；第二，不会割。

先说不愿意割的，很多散户朋友手里的股票被套了两三毛钱，分析这个股票后知道它还要调整很长的时间，有人就劝他说割了吧，你猜他怎么说，“割肉，我不割，那不是赔了，我就不信它涨不起来。”看看吧，后来真的涨起来了，而且还赚了几毛钱，可是一直拿了半年，虽然最后赚了钱，但是他付出了极大的时间成本和机会成本，从严格意义上说，这样的操作在股票市场上是赚不到钱的。

再说不会割肉的，这种人一般喜欢心存幻想，总是按照自己的设想而不是市场的信号做事情。说白了就是不尊重市场，有点像是我知道我错了，但是我就不改。明明分析技术指标一只股票已经破位，可是总是幻想着它能涨回来，等不赔了我再卖，结果呢，到了不割也得割的时候也割了，这时割肉也就损失了很多。割肉一方面是为了保存资金实力，一方面就是提高资金的使用效率，归根结底还是综合考虑了时间和机会成本的。

11. 坚持持股才能赚大钱

“长线是金，短线是银”这句话是股市中流行了多年的经典。如果想要在股市调整中抢反弹来增加利润和弥补亏损，这本身就已经落入了陷阱之中。而且，由于股市投资不同于其他传统行业，注定了多数人的结局必然是亏损，所以如果你想不同于其他人而获得成功，你就必须远离那些众多的失败者，坚持自己的选择。

第八章
保险：学会买保险，为优雅系上安全带

〔中〕李嘉诚

一个人赚钱除了满足自己的成就感之外，就是为了让自己生活得更好一点。如果只顾赚钱，并赔上自己的健康，那是很不值得的。

给未来买保险，绝不会亏

有一则笑话，说的是一个失事海船的船长是如何说服几位不同国籍的乘客抱着救生圈跳入海中的。他对英国人说这是一项体育运动，对法国人说这很浪漫，对德国人说这是命令，而对美国人则说你已经被保险了。

因为在美国，保险是人们生活中不可缺少的一环，像饮食、居住一样必要。人寿、医药、房屋、汽车、游船、家具等都投了保，它们像一条条木栅，连成一环，环在你周围。

从人类历史来看，人类社会从诞生之日起就面临着自然灾害和意外事故的侵扰。在与大自然抗争的过程中，古代人就萌生了对付灾害事故的保险思想和原始形态的保险方法。保险从萌芽时期的互助形式逐渐发展成为冒险借贷，发展到海上保险合约，再发展到海上保险、火灾保险、人寿保险和其他保险，并逐渐发展成为现代保险。

从广义上说，保险包括有社会保障部门所提供的社会保险，比如社会养老保险、社会医疗保险、社会事业保险等。除此之外，还包括专业的保险公司按照市场规则所提供的商业保险。

狭义上说，保险是投保人根据合同约定，向保险人支付保险费，保险人对于合同约定可能发生的事故，因其发生所造成的财产损失承担赔偿保险金的责任；或者当被保险人死亡的时候、伤残的时候或者达到合同约定的年龄、期限的时候承担给付保险金责任的商业保险行为。这里主要讲的是商业保险，而不是我们说的社会保险。

从经济的角度来看，保险是分摊意外事故损失的一种财务安排，通过参保的方式，被保险人的损失由所有被保险人分摊；从社会的角度来看，保险是社会经济保障制度的重要组成部分，是社会生产和社会生活“精巧的稳定器”；从风险管理角度来看，保险是风险管理的一种方法，起到了分散风险、消化损失的作用。

王涛32岁，是一位私营企业主，妻子30岁，在外企任职，夫妻俩还有一个12岁的儿子。家里经济情况如下：年收入大概40万元，有30万元的银行存款，市值20万元的股票，房车均无贷款，每月的家庭开销约为1万元，此外，每月孝敬双方父母的钱约为4000元；孩子教育费用每年约为2万元。

王涛选择了一款投资连结险，拥有传统寿险的身故和伤废两大保障，并融合了独立的全新的个人投资账户功能。保额为10万元，缴费期限为10年，年缴保费为2万元，其中包括有5000元的基本保险费。与此同时，他还一次性追加保费20万元，按照合同约定，他支付的保险费在扣除初始费用后，会进入个人投资账户，这期间还有一些费用如保单管理费、风险保险费等，也将定期从个人账户中扣除，扣除后的个人账户余额用于投资。

那么，6年以后，38岁的王涛个人账户中将有337920元的资金，此时，儿子高中毕业准备出国留学，王涛每年会从这笔资金中取出10万元寄给儿子。

50岁时，王涛会选择提早退休，在供完儿子读书之后他这个账户还有128012元。如此推算，当他60岁时，保险里的个人账户额度为205624元；当他70岁时，保险里的个人账户额度为329772元。

这样算来，王涛的30万元的投资，最终换来其后二十几年的近30万元收益，而且在完成子女的教育之后，他账户里剩余的钱已经完全足够他今后养老了。

理财保险比其他理财工具更需要准备与分析，因为不同类型的保险产品，有着不同的收益与保障功能，并且不同公司的同一款产品之间，也会产生巨大的收益差距。唯有选择最适合自己的那一种，才能实现保障与收益的双丰收。

也许会有人说："我还没有赚够钱，哪里有闲钱买保险啊？"事实上，保险是以明确的小投资来弥补不明确的大损失，保险金在遭遇病、死、残、医等重大变故时，可以立即发挥周转金、急难救助金等活钱的功能。因此，保险支出应该列为家庭最重要最优先的一笔投资，千万不能忽视。当然，在购买保险前也要全面了解保险的种类。

1. 按保险的实施方式，可分为强制保险与自愿保险

（1）强制保险，是指根据国家颁布的有关法律和法规，凡是在规定范围内的单位或个人，不管愿意与否都必须参加的保险。比如，世界各国一般都将机动车第三者责任保险规定为强制保险的险种。强制保险的范畴大于法定保险。法定保险是强制保险的主要形式。

从国际上看，强制保险的形式有两种：一是规定在特定范围内建立保险人与被保险人的保险关系，且两者没有自主选择的余地；二是规定一定范围内的人或财产都必须参加保险，并以此作为许可从事某项业务活动的前提条件。

（2）自愿保险，是指保险双方当事人通过签订保险合同，或是需要保险保障的人自愿组合、实施的一种保险。投保人可以自行决定是否投保、向谁投保、中途退保等，也可以自由选择保障范围、保障程度和保险期限等。保险人也可以根据情况自愿决定是否承保、怎样承保，并且自由选择保险标的，选择设定投保条件等。

2. 按是否盈利的标准，可分为社会保险与商业保险

（1）社会保险，是指国家通过立法强制实行的，强制社会多数成员参加的，由个人、单位、国家三方共同筹资，建立保险基金，预防和分担个人因年老、工伤、疾病、生育、残废、失业、死亡等原因丧失劳动能力或暂时失去工作时，给予本人或其供养直系亲属物质帮助的一种非营利性的社会安全制度。它是一种再分配制度，目标是保证物质及劳动力的再生产和社会的稳定。社会保险具有法制性、强制性、固定性等特点，每个在职职工都应参加，所以，社会保险又称为（社会）基本保险，或者简称为社保。

社会保险按其功能又分为养老保险、医疗保险、失业保险、工伤保险、生育保险、住房保险（又称住房公积金）等。

①养老保险，是国家依据相关法律法规规定，为解决劳动者在达到国家规定的解除劳动义务的劳动年龄界限或因年老丧失劳动能力而退出

劳动岗位后而建立的一种保障其基本生活的社会保险制度。

基本养老保险费由企业和被保险人按不同缴费比例共同缴纳。以北京市养老保险缴费比例为例：企业每月按照其缴费总基数的20%缴纳，职工按照本人工资的8%缴纳。其中城镇个体工商户和灵活就业人员以本市上一年度职工月平均工资作为缴费基数，按照20%的比例缴纳基本养老保险费，其中8%计入个人账户。职工按月领取养老金必须是达到法定退休年龄（男职工60岁，女职工50岁），并且已经办理退休手续；个人缴费至少满15年。

基础养老金月标准为省（自治区、直辖市）或市（地）上年度职工月平均工资的20%。个人账户养老金由个人账户基金支付，月发放标准根据本人账户储存额除以120。个人账户基金用完后，由社会统筹基金支付。

②医疗保险，是指通过国家立法，按照强制性社会保险原则，基本医疗保险费应由用人单位和职工个人按时足额缴纳。以北京市医疗保险缴费比例为例：用人单位每月按照其缴费总基数的10%缴纳，职工按照本人工资的2%加3元钱的大病统筹缴纳。

用人单位所缴纳的医疗保险费一部分用于建立基本医疗保险社会统筹基金，这部分基金主要用于支付参保职工住院和特殊慢性病门诊及抢救、急救。发生的基本医疗保险起付标准以上、最高支付限额以下符合规定的医疗费，其中个人也要按规定负担一定比例的费用。个人账户资金主要用于支付参保人员在定点医疗机构和定点零售药店就医购药符合规定的费用，个人账户资金用完或不足部分，由参保人员个人用现金支付。参保职工因病住院先自付住院起付额，再进入统筹基金和职工个人共付段。参加基本医疗保险的单位及个人，必须同时参加大额医疗保险，并按规定按时足额缴纳基本医疗保险费和大额医疗保险费，才能享受医疗保险的相关待遇。

③失业保险，是指国家通过立法强制实行的，由社会集中建立基金，对因失业而暂时中断生活来源的劳动者提供物质帮助的制度。它是社会保障体系的重要组成部分，是社会保险的主要项目之一。

城镇企业、事业单位、社会团体和民办非企业单位按照本单位工资总额的2%缴纳失业保险费，其职工按照本人工资的1%缴纳失业保险费。无固定工资额的单位以统筹地区上年度社会平均工资为基数缴纳失业保险费。单位招用农牧民合同制工人本人不缴纳失业保险费。

失业人员同时具备以下条件，即可享受失业保险待遇：按规定参加失业保险，所在单位和个人已按规定履行缴费义务满1年的；非因本人意愿中断就业的；已办理失业登记，并有求职要求的。

④工伤保险，是指劳动者在工作中或在规定的特殊情况下，遭受意外伤害或患职业病导致暂时或永久丧失劳动能力以及死亡时，劳动者或其遗属从国家和社会获得物质帮助的一种社会保险制度。

工伤保险费由用人单位缴纳。职工上了工伤保险后，职工住院治疗工伤的，由所在单位按照本单位因公出差伙食补助标准的70%发给住院伙食补助费；经医疗机构出具证明，报经办机构同意，工伤职工到统筹地区以外就医的，所需交通、食宿费用由所在单位按照本单位职工因公出差标准报销。另外，工伤职工因日常生活或者就业需要，经劳动能力鉴定委员会确认可以安装假肢、矫形器、假眼、假牙和配置轮椅等辅助器具，所需费用按照国家规定的标准从工伤保险基金中支付。工伤参保职工的工伤医疗费一至四级工伤人员伤残津贴、一次性伤残补助金、生活护理费、丧葬补助金、供养亲属抚恤金、辅助器具、工伤康复费、劳动能力鉴定费都应从工伤保险基金中支付。

⑤生育保险，是根据法律规定，在怀孕和分娩的妇女劳动者暂时中断工作、失去正常收入来源时，由国家和社会提供医疗服务、生育津贴和产假的一种社会保险制度。我国生育保险待遇主要包括两项：一是生育津贴，二是生育医疗待遇。

生育保险基金由用人单位缴纳的生育保险费及其利息以及滞纳金组成。女职工产假期间的生育津贴、生育发生的医疗费用、职工计划生育手术费用及国家规定的与生育保险有关的其他费用都应该从生育保险基金中支出。所有用人单位（包括各类机关、社会团体、企业、事业、民办非企业单位）及其职工都要参加生育保险。

用人单位按照国家规定缴纳生育保险费，职工不缴纳生育保险费。

我国生育保险待遇的内容主要有产假、生育津贴、生育医疗服务、生育期间的特殊劳动保护、生育期间的职业保障等。

女职工生育，享受不少于90天的产假。产假分为产前和产后假两部分。产前假为15天，产后假为75天。难产的，增加产假15天。多胞胎生育的，每多生一个婴儿，增加15天产假。女职工怀孕流产的，根据医务部门的证明，给予一定时间的产假。流产产假以4个月划界，其中不满4个月的，给予15~30天的产假；4个月以上流产的，产假为42天。

女职工产假期间的生育津贴按照本企业上年度职工月平均工资计发。尚未参加生育保险社会统筹的单位，女职工生育产假期间，由单位照发工资。

⑥住房保险（又称住房公积金），是由单位和个人共同出资建立的用于个人购买或大修生活用房的保险基金。住房保险之所以列入政府的社会保险支出，一是因为国家财政要为居民的生活用房提供基础设施建设的资金；二是因为对中低收入阶层的经济适用住房，国家财政进行了暗补；三是财政拨款单位职工的住房公积金，不论是单位还是个人缴纳的部分都来源于国家财政收入。

（2）商业保险，是指通过订立保险合同运营，以营利为目的的保险形式，由专门的保险企业经营。具体而言，是指投保人根据合同约定，向保险人支付保险费，保险人对于合同约定的因可能发生的事故而造成的财产损失承担赔偿保险金责任，或者当被保险人死亡、伤残、疾病或者达到合同约定的年龄、期限时承担给付保险金责任的保险行为。

3. 按保险标的或保险对象，主要分为财产保险和人身保险两大类

（1）财产保险，是指投保人根据合同约定，向保险人交付保险费，保险人按保险合同的约定对所承保的财产及其有关利益因自然灾害或意外事故造成的损失承担赔偿责任的保险。财产保险，包括财产保险、农业保险、责任保险、保证保险、信用保险等以财产或利益为保险标的的各种保险。

财产分为有形财产和无形财产。厂房、机械设备、运输工具、产成品等为有形财产；预期利益、权益、责任、信用等为无形财产。与此相对应，财产保险有广义和狭义之分。广义的财产保险是指以物质财富以及与此相关的利益作为保险标的的保险，包括财产损失保险、责任保险和信用（保证）保险。狭义的财产保险是指以有形的物质财富以及与此相关的利益作为保险标的的保险，主要包括火灾保险、海上保险、货物运输保险、汽车保险、航空保险、工程保险、利润损失保险和农业保险等。

（2）人身保险，是以人的寿命和身体为保险标的，并以其遭受不幸事故或因疾病、伤残、疾病、年老、死亡等人身风险为保险事故或年老退休时，根据保险合同的约定，保险人要按约给付保险金。传统人身保险的产品种类繁多，但按照保障范围可以划分为人寿保险、人身意外伤害保险和健康保险等。

①人寿保险，简称寿险，是一种以人的生死为保险标的，且以被保险人的生存或死亡为给付条件的人身的保险，是被保险人在保险责任期内生存或死亡，由保险人根据契约规定给付保险金的一种保险。

②人身意外伤害保险，是指被保险人在保险有效期内，因遭受非本意的，外来的，突然发生的意外事故，致使身体蒙受伤害而残疾（或死亡）为给付条件的保险。

③健康保险，是以被保险人的身体为保险标的，以被保险人因疾病或意外伤害而导致的伤、病风险为保险责任，使被保险人因伤、病发生的费用或损失得到补偿的保险。

4. 按承保的风险，可划分为单一风险保险和综合风险保险

（1）单一风险保险是指仅对某一可保风险提供保险保障的保险。例如，水灾保险仅对特大洪水事故承担损失赔偿责任。

（2）综合风险保险是指对两种或两种以上的可保风险提供保险保障的保险。综合保险通常是以基本险加附加险的方式出现的。当前的保险品种基本上都具有综合保险的性质。例如，我国企业财产保险的保险责任包括火灾、爆炸、洪水等。

根除错误观念，走出保险理财误区

随着社会的发展，更多的人意识到，有些事情是我们不能控制的，比如生老病死。对于不幸患病的人，如果没有购买重大疾病保险，昂贵的医疗费用很可能拖垮本来幸福的家庭。由此可见，购买适当的保险是生活的必需品。这样才能为自己的人生建造一面幸福的围墙，保护自己免受疾病和意外的伤害。

琳娜和闺蜜聊起了关于保险的事情，她说自从买了保险之后感觉心里真的安心了好多。闺蜜问为什么。她说："其实生活中不论你占有多少财富，但其实真正属于你个人的财富是给自己和亲人买了足够的保险。你觉得是这个道理么？"琳娜见闺蜜仍是一脸茫然，她继续说："保险能够在你的生命、财产、健康等受到损害时，给予你一定的赔偿与帮助，这不是雪中送炭吗？而且，你在退休后的收入大大减少，一份稳定的保险投资就能为你带来十分不错的经济回报。"

生活中的风险就像空气一样充斥在我们的周围。虽然不能完全避免这些风险，但我们可以用各种各样的方式把损失降到最低。保险就像是一堵墙，保护着家庭中的每一个人。我们无法预知未来会发生什么不幸，但是我们可以为自己多做一份打算。这才是对自己、对家人负责的态度。

随着我国经济的快速发展和保险业的逐步完善，越来越多的人开始萌生保险意识，从而将保险作为一种理财方式和经济保障。但不少人对保险的认识还是不充分，甚至存在着一些错误的观念：

1. 年轻人不用买保险

有些人并没有太强的风险意识，认为保险是要到年纪大一些才考虑的。实际上，越年轻买保险缴费就越低，而且可以尽早得到保障。如果你还是单身的话，购买保险也是对父母负责任的一种体现。对于没有储蓄观念的年轻工薪一族而言，买保险实际上还有另一项作用，那就是“强制储蓄”，买保险还可以帮助你养成良好的消费习惯。

2. 买保险不吉利

保险公司的业务员在解释保险条款时，难免会用疾病、残疾、身故等字眼。这总是会让人感到不舒服。当然，风险的发生不以人的意志为转移。这就需要我们用正确的态度来对待。和保险公司其他险种相比，意外险堪称人人必备的护身险种。因为这一险种普遍花费不高，几十元至几百元即可带来一年保障。不过，在购买意外险时要注意其保障范围。以保险卡为例，人身意外伤害保险卡主要针对经常出差或是每年都要旅行多次的人士；航空平安卡主要针对“飞行一族”；交通意外保险卡则主要针对经常乘坐轮船、火车和汽车等公共交通工具的人。

3. 等有了闲钱再买

有很多人认为自己手头上并不宽松，不适宜买保险。其实，中低收入者更应该买保险。穷人和富人面临相同的风险概率，只是穷人抗拒风险的能力比富人更弱。疾病和意外伤害随时都有可能发生，绝不会等到我们变得非常富有时它才降临。

4. 收入稳定者不需要保险

人生风险无处不在，充分做好防范抵御风险的准备，保险为大家提供了风险发生后的资金保障，保证自己和家人的生活质量不受影响。

5. 单位买的保险足够了，无须再买

目前，有很多单位都为员工购买了保险，其中社会保险就属于强制保险，其中包括养老、失业、疾病、生育、工伤等险种。但这些保险所提供的只是维持我们最基本生活水平的保障，而不能满足家庭风险的管理规划和有较高质量的退休生活。中国的保险业经过几年的发展，险种越来越多。由最单一的养老金保险发展到现在的包括重大疾病保险、意外伤害保险、养老金保险、教育金保险和分红投资保险的险种体系。因此建议女性朋友们还是应该拥有自己的持续、完善的保险保障。

6. 有“医保”不买商业险

公费医疗和社会医疗都属于国家的社会保障制度，它们的特点就是覆盖面广、保障额低，一般不超过3万元。而现今越来越多发的癌症、脑中风、尿毒症等等的治疗往往在5万元以上。如何使自己在不幸得病时有足够钱来支付日益昂贵的医疗费用，而无须动用自己多年的积蓄或向外借钱？商业医疗保险则是你最佳的选择。

7. 买保险只重子女

重孩子轻大人是很多家庭在买保险时容易犯的一个错误观念。孩子固然是重要的，但是保险理财风险的规避，在大人发生意外时，对家庭

造成的财务损失和影响要远远高于孩子。如果你的经济较为宽裕，请为家中所有成员投保；假如你的手头并不宽松，请你先将保障的重点集中在家庭经济支柱身上，然后再为孩子按照需要买一些健康、教育类的保险产品。

8. 混淆保险与银行储蓄

很多人买保险，都在和银行的储蓄做比较。储蓄是存钱到银行得到固定的利息，而买保险在保险期间发生意外事故或疾病，保险公司所提供的保险金往往是投保人所交保险费的几倍，甚至几十倍。

9. 买保险不为保障为投资

保险是理财，不是投资。保险的最大功能就是保障，而保障是有成本的，拿钱来买保险的回报比把钱放到任何投资渠道都要低很多。

10. 豪宅无“险”傍身

随着房价升高，市内的百万豪宅越来越多，家庭资产主要集中在房产已经成为都市常态。但绝大部分人并没有对家庭主要资产进行保障，堪称保险业一大怪象。

一般来说，房产要么不发生风险，一旦发生风险，花费都不小。通过家财险为家庭主要资产上个保险锁也是一种化解家庭风险的理财之道。据了解，目前市内售卖的家财险普遍花费不高，几百元甚至上百元即可一年无忧。

保险也要买得“保险”

在生活中，总有保户反映，投保容易理赔难。而保险公司也感到委屈，自己完全是按保险合同办事，并无过错。那么，为什么双方观点会出现如此鲜明的差别呢？当然，不排除个别不专业的保险从业人员为完成业绩而做出不负责任的空头承诺，但如果投保人在投保之前做足功课，在投保时认真阅读合同条款，或许就可以避免这种情况。

因此，投保人在投保过程中应当注意以下细节问题：

1. 留意保险条款中“责任免除”条款规定

我们以某保险公司的某寿险条款为例，在该条款第五条是这样表述的：

因下列情形之一导致被保险人身故、身体高度残疾或患重大疾病，本公司不负保险责任：

（1）投保人、受益人对被保险人的故意行为；

（2）被保险人故意犯罪、拒捕、自伤身体；

（3）被保险人服用、吸食或注射毒品；

（4）被保险人在合同生效（或复效）之日起2年内自杀；

（5）被保险人酒后驾驶、无有效驾驶执照驾驶，或驾驶无有效行驶证的机动交通工具；

（6）被保险人感染艾滋病病毒（HIV呈现阳性）或患艾滋病（AIDS）期间，或因先天性疾病身故；

（7）被保险人在本合同生效（或复效）之日起一百八十日内患重大疾病，或因疾病而身故或造成身体高度残疾；

（8）战争、军事行动、暴乱或武装叛乱；

（9）核爆炸、核辐射或核污染及由此引起的疾病。

上述各款情形发生时，本合同终止。

因此，投保人在填写保单时必须认真阅读合同条款，避免日后出现争议。

2. 关注对“投保范围”的规定

一般情况下，任何一家保险公司任何一款险种的保险条款中，都会规定“投保范围”。例如，投保人与被保险人的实际年龄有误，或者投保人与被保险人没有《保险法》规定的保险利益，保险公司完全可以拒赔。

3. 观察期

在“保险责任”中，需要注意的是，会有一个观察期的规定，一般为180天，目的是防止恶意诈保的事件的发生。在观察期内，被保险人发生意外，保险公司是不赔的。

4. 按时交费

如果投保人没有在规定日期交费，保险公司会给予一定的宽限期，一般是60天，在宽限期内发生意外事故，保险公司承担保险责任；宽限期后仍不交费的，保险公司会根据保单的现金价值自动垫付使保单有效，若垫付费用不足，则保单效用中止，再发生事故，保险公司则不承担保险责任。

5. 最大诚信原则

要求保险公司和投保人都必须履行“如实告知”的义务。对于投保人来说，一定要如实回答保险合同中列明的各项问题，可能你一个小小的“隐瞒”，就会失去日后索赔的权利。通常，如有故意不告知的情形，保险公司对于合同解除前发生的保险事故不承担给付保险金的责任。

6. 签名

一般除了没有法定行为能力的人（如未成年人），投保人、被保险人、受益人都应该是亲笔签名，不要代签，哪怕是最亲近的人，也不要让保险业务员帮忙填写，以免日后出现纠纷。

由此可见，在投保的过程中认真对待以上细节问题，这是投保的第一步。那么，选择适合自己的保险要遵循哪些原则呢？

1. 先买意外险、健康险

人生三大风险：意外、疾病和养老，最难预知和控制的就是意外和疾病。而保险的保障意义，在很大程度上就体现在这两类保险上。但是很多客户最先考虑的是投资理财产品，导致最具保障意义的保险一直以来没有受到足够的重视。科学的保险规划，首先应该给家人购买意外险、意外医疗和住院医疗保障；其次是购买大病和重疾保障，因为目前重大疾病的发病率高达70%；接下来再购买养老保障金和子女的教育金；最后才是理财产品。

2. 家庭支柱优先原则

家庭成员中购买保险的一般顺序为：第一是家庭支柱，给家庭支柱购买高额保险；第二是家庭支柱的另一半，因为中青年负担着老小的保障；第三是小孩和老人的健康保障；第四是小孩的教育金和大人的养老金；第五是财产险，例如车子、房子、企业财产险；第六是理财。

3. 贷款买房之前一定要先买足额的保险

如果在贷款买房后还没有保险，是一件很不科学、很危险的事。二十年的房贷，意味着这二十年期间你的收入不能中断，一旦由于意外、疾病中断工作和收入，压力将会更大。一般来说，你将要还多少的房贷，在还贷期间内你就要有多少的寿险。比如，你的房贷是100万元，那么你需要至少100万元的定期或终身寿险，以此来防范还贷期间的人身风险。同时，如果能买上意外险、健康险就更好了。

4. 保费及保额原则

保费就是客户每年交多少钱，保额就是保险公司给客户的保障。客户每年缴纳的保费应是家庭收入的10%～20%是最合理的，这个也就是保费原则。而保额原则的说，如果条件允许的情况下，最好购买足额的保障。

第九章 黄金：永不过时的理财“稳压器”

〔美〕洛克菲勒

财富是指你生活品质的程度，而不是你赚钱的多与少。要体会富有的滋味，并不需要标明自己有上亿的财产，而是去过适合你的生活。

影响黄金价格波动的因素

20世纪70年代以前，黄金价格基本由各国政府或中央银行决定，国际上黄金价格比较稳定。70年代初期，黄金价格不再与美元直接挂钩，价格逐渐市场化，影响黄金价格变动的因素日益增多。除此之外，由于黄金的特殊属性，以及宏观经济、国际政治、投机活动和国际游资等因素，黄金价格变化变得更为复杂，更加难以预料。影响黄金价格变化的因素包括以下几个方面：

1. 供给因素

众所周知，商品价格的波动主要受市场供需等基本因素的影响。黄金交易是市场经济的产物。地球上的黄金存量、年供应量、新的金矿开采成本等都对供给方面产生影响。黄金的需求与黄金的用途有着直接的关系。

（1）黄金存量：世界黄金协会报告曾指出，截至2010年，全球已查明的黄金资源储量约为10万吨，而地上黄金的存量每年还在大约以2%的速度增长。

（2）年供应量：黄金的年供求量大约为4200吨，每年新产出的黄金占年供应的62%。

（3）新的金矿开采成本：黄金开采平均总成本大约略低于260美元/盎司。由于开采技术的发展，黄金开发成本在过去二十年以来持续下跌。

（4）黄金生产国的政治、军事和经济的变动状况：在这些国家的任何政治、军事动荡无疑会直接影响该国生产的黄金数量，进而影响世界黄金供给。

（5）各国黄金储备政策的变动：各国中央银行黄金储备政策的变动引起的增持或减持，黄金储备变动也会影响黄金价格。

2. 需求因素

（1）黄金实际需求量（首饰业、工业等）的变化。一般来说，世界经济的发展速度决定了黄金的总需求，经济发展速度越快对黄金的需求量就越大。

（2）保值的需要。黄金储备一向被央行用作防范国内通胀、调节市场的重要手段。而对于普通投资者，投资黄金主要是在通货膨胀情况下，达到保值的目的。在经济不景气的态势下，由于黄金相较于货币资产更为保险，导致对黄金的需求上升，金价上涨。

（3）投机性需求。投机者根据国际国内形势，利用黄金市场上的金价波动，加上黄金期货市场的交易体制，大量“沽空”或“补进”黄金，人为地制造黄金需求假象。在黄金市场上，几乎每次大的下跌都与对冲基金公司借入短期黄金在即期黄金市场抛售和在COMEX黄金期货交易所构筑大量的空仓有关。

当触发大量的止损卖盘后，黄金价格下泻，基金公司乘机回补获利。当金价略有反弹时，来自生产商的套期保值远期卖盘压制黄金价格进一步上升，同时给基金公司新的机会重新建立沽空头寸，形成了当时黄金价格一浪低于一浪的下跌格局。

3. 其他因素

（1）利率对黄金价格走势的影响。利率对金融衍生品的交易影响较大，黄金投资的获利全凭价格上升。对于投机性黄金交易者而言，保证金利息是其在交易过程中的主要成本。在利率偏低时，黄金投资交易成本降低，投资黄金会有一定的益处；但是利率升高时，黄金投资的成本上升，投资风险增大。特别是美国的利息升高时，美元会被大量的吸纳，金价势必受挫。

（2）美元走势与金价密切相关。一般在黄金市场上有美元涨则金价跌，美元降则金价扬的规律。美元坚挺一般代表美国国内经济形势良好，投资美元升值机会大，人们自然会追逐美元，黄金作为价值贮藏手段的功能受到削弱；而美元走弱，通货膨胀、股市低迷等有关情况出现时，黄金因价值含量较高，在美元贬值和通货膨胀加剧时往往会刺激对黄金保值和投机性需求上升。

（3）各国的货币政策与国际黄金价格密切相关。当某国采取宽松的货币政策时，由于利率下降，该国的货币供给增加，加大了通货膨胀的可能，会造成黄金价格的上升。

（4）通货膨胀对黄金价格的影响。从长期来看，每年的通胀率若是在正常范围内变化，物价相对较稳定时，其货币的购买能力就越稳定，那么其对金价的波动影响并不大。只有在短期内，物价大幅上升，引起人们的恐慌，货币的单位购买能力下降时，金价才会明显上升。从长期看，黄金不失为对付通货膨胀的重要手段之一。

（5）国际贸易、财政、外债赤字对金价的影响。债务这一世界性问题已不仅是发展中国家特有的现象。在债务链中，如果债务国本身发生无法偿债的现象将导致经济停滞，而经济停滞又进一步恶化债务的恶性循环，就连债权国也会因与债务国之关系破裂，面临金融崩溃的危险。这时，各国都会为维持该国经济不受伤害而大量储备黄金，引起市场黄金价格上涨。

（6）国际政局动荡、战争、恐怖事件等。国际上重大的政治、战争事件都将影响金价。政府为战争或为维持国内经济的平稳而支付费用、大量投资者转向黄金保值投资，这些都会扩大对黄金的需求，刺激金价上扬。

（7）股市行情对金价的影响。一般来说股市下挫，金价上升。这主要体现了投资者对经济发展前景的预期，如果大家普遍对经济前景看好，则资金大量流向股市，股市投资热烈，金价下降；反之亦然。

（8）石油价格。黄金本身作为通胀之下的保值品，与通货膨胀形影不离。油价的上涨将催发通货膨胀，意味着金价也会随之上涨。一般来说，原油价格的小幅波动对黄金市场的影响不大，当石油价格波动幅度较大时，会极大地影响到黄金生产企业和各国的通货膨胀，因而影响黄金市场的价格走势。同时，石油和黄金各有各自的供求关系，如果在通胀高的情况下，石油跌黄金不一定也跌。因为仅仅石油跌对通胀的影响毕竟有限。所以投资者要全面分析，避免陷入被动。

4. 金融危机

金融危机出现时，人们为了保留住自己的钱财纷纷去银行挤兑，银行出现大量的挤兑后导致破产或倒闭。大金融危机爆发后，所有品种全部暴跌，唯有黄金还在高位震荡。在经济萧条的经济形势下，黄金作为一种重要的储备保值工具，人们开始储备黄金，金价会有一定程度上扬。

个人如何选择黄金投资品种

黄金投资，不论你是平民百姓还是富商巨贾皆可参与，它已经成为世界性的金融投资方式。目前我国人均黄金拥有量为3.5克，而世界人均黄金量的平均水平是25克，中国的黄金市场的前景还是很广阔的。

林宇是一名银行职员，工作几年的她，手里积攒了一些资金，她觉得投资黄金是一个好机会。通过对市场各方面的综合分析，她选择了纸黄金的投资，因为纸黄金流动性强、可以随时变现、没有保管与存储成本的费用。

2008年，她以190元/克的价格购入1万元的纸黄金小试身手。等到年底，纸黄金价格升至210元/克。随着时间的推移和市场的起落，林宇也把资金追加到5万元。由于纸黄金业务可以24小时交易，于是，她每天下班后，便利用晚上的时间来进行打理。

到2011年，黄金市场开始变得异常火爆，每克黄金已经涨到了338元，狂热的氛围除了让林宇赶到兴奋，她也感到一丝不安，于是决定立刻抽身离开，此时，她投入的5万资金，已经变成了11万多！

林宇之所以能够获得黄金投资的成功，其中最关键的一点，就是她选对了适合自己的产品。对于投资黄金的新手而言，如果只想为资产增加一定的安全性，可以选择黄金长期投资；若为了获取一定利润，并使自己的投资多元化，可以定位于黄金市场的中期投资。投资者们请谨记，无论是哪一种投资，选对产品才能收获利益。

目前，黄金投资主要分为实物黄金、纸黄金、黄金T+D、国际现货黄金（伦敦金）、黄金期货、黄金期权等比较流行的黄金投资形式。

1. 实物黄金

实物黄金，即通过买卖金条、金币和金饰等实质物品上的黄金。实物黄金以1∶1的形式，即多少货币购买多少黄金保值，只可以在金价上升之时才可以获利。实物黄金适合收藏，需要坚持长期投资策略。

（1）金条、金砖

像金条、金砖这类的实物黄金不仅黄金重量非常标准，发售渠道也很统一，回购的渠道也很方便，回购费率相对也较低。并且投资黄金不用交税，还可以在世界各地得到报价。虽然金条、金砖也会收取一定的制造加工费用，但这笔费用通常情况下是很少的，除了某些特殊题材的带有纪念性质的，其加工费用就比较高，溢价幅度也会比较大。

金条金砖比较适合于有较多闲散资金且可以进行长期投资的人。在此，投资者要注意区分两种实物金条，即投资型实物金条和工艺品式金条的区别。

实物金条，报价是以国际黄金现货价格为基准的，附加的手续费、加工费很少。投资型金条在同一时间报出的买入价和卖出价越接近，则黄金投资者所投资的投资型金条的交易成本就越低。

工艺品式金条的溢价很高，因为有比较昂贵的加工费在里面了。从某种程度上看，工艺品式的金条已经不仅仅是纯黄金了，而是工艺品了。

真正投资黄金，只有投资型金条才是投资实物黄金的最好选择。

（2）金银纪念币

投资者在购买金银纪念币时要注意金银纪念币上是否铸有面额，通常情况下，有面额的纯金银纪念币要比没有面额的价值高。题材好的实物金银纪念币升值潜力更大。但金银纪念币在保管过程中难度比金条金块大，不能使纯金币受到碰撞和变形，要尽量维持原来的包装，否则在出售时要被杀价等。金银纪念币在二级市场的溢价一般都很高，远超过金银材质本身的价值。另外，我国钱币市场行情的总体运行特征是牛短熊长，一旦在行情较为火爆的时候购入，投资者就有长期被套牢的风险。

金银纪念币比较适合于对金银纪念币行情以及金银纪念币知识有较多了解的投资者，不适合做短线投资。

（3）黄金饰品

黄金饰品的收藏、使用功能要强于其投资功能。一般黄金饰品都是以黄金来制造，这也就是我们常见的18K、24K等。此外，黄金饰品都是经过加工过的，商家一般在饰品的款式、工艺上已经花费了成本，这就增加了附加值，使其保值功能相对减少。除此之外，首饰在日常使用中，总会受到不同程度的磨损，如果将旧的饰品出售，变现损耗也会较大。

从投资的角度看，投资黄金饰品是一项风险较高且收益较差的投资行为。黄金饰品的投资收益在短时间内难以实现，因此买卖黄金饰品从严格意义上来讲是一种长期投资行为，或者是一种保值措施。

2. 纸黄金

纸黄金是国内中国银行、工商银行、建设银行特有的业务。纸黄金是黄金的纸上交易，投资者的买卖交易记录只在个人预先开立的“黄金存折账户”上体现，而不涉及实物金的提取，这样就省去了黄金的运输、保管、检验、鉴定等步骤，其买入价和卖出价之间的差额要小于实金买卖的差价。盈利模式即通过低买高卖，获取差价利润。纸黄金实际上是通过投机交易获利，而不是对黄金实物投资。纸黄金投资风险较低，适合普通投资者。

纸黄金采用记账方式，用国际金价以及由此换算来的人民币标价，省去了投资真金的不便。纸黄金与国际金价挂钩，采取24小时不间断交易模式，为上班族的理财提供了充沛的时间。纸黄金采用T+0的交割方式，当时购买，当时到账，便于做日内交易，比国内股票市场多了更多的短线操作机会。

2008年1月，朱敏在中国工商银行以205元/克的单价购入了100克。到3月纸黄金冲上了234.30元/克的巅峰，她的获益率高达12%以上，这更坚定了她炒纸黄金的信念。同年6月份，她以192元/克的价格再次买进了一批纸黄金，四个月后又以218元/克的价格卖出。这一次的投资收益超过13%，2万元的资金变成了2.26万元。

尽管不是每位投资者都能获得巨大的收益，但是只要投资者能坚持巩固自己的基本知识和风险意识，并拥有正确的投资理念，密切关注大盘的走势，稳定盈利也并非是不可能的事情。

当然，投资“纸黄金”应综合考虑影响价格的诸多因素，尤其要关注美元“风向标”。需要注意的是，在目前投资黄金要注意市场风险，毕竟金价目前处于相对高位，尤其黄金是一个“慢热”投资品，不会像股票那样频繁涨跌，因此也不适于频繁买卖。

3. 黄金T+D

T+D里的“T”是Trade（交易）的首字母，“D”是Delay（延期）的首字母。

黄金T+D，是指由上海黄金交易所统一制定的、规定在将来某一特定的时间和地点交割一定数量标的物的标准化合约。这种买卖是由转移价格波动风险的生产经营者和承受价格风险而获利的风险投资者参加的，在交易所内依法公平竞争而进行的，并且有保证金制度为保障。保证金制度的一个显著特征是用较少的钱做较大的买卖，保证金一般为合约值的6%～9%，与股票投资相比较，投资者在黄金T+D市场上投资资金比其他投资要小得多，俗称“以小博大”。但值得提醒的是，如果你要投资黄金T+D的话，一定要具备一定的金融知识，因为做杠杆交易，这意味着它的风险非常的大。

黄金T+D的特点是以保证金方式进行买卖，交易者可以选择当日交割，也可以无限期的延期交割。上海黄金交易所是以当日的价格来交易的，尽管没有实物交割，但也属于现货交易。上海黄金交易所有早市、下午、夜市三个市场，其中夜市的价格波动比较活跃，所以说要想做好黄金投资，避免不了要经常熬夜。黄金T+D交易的市场区域仅限国内，成交量及活跃度远不及国际市场。

另外，黄金T+D手续费高于期货，低于实物黄金，与股票相当，风险介于期货、股票中间。

4．国际现货黄金（伦敦金）

国际现货黄金因最早起源于伦敦，故称伦敦金。伦敦金通常被称为欧式黄金交易。以伦敦黄金交易市场和苏黎世黄金市场为代表。投资者的买卖交易记录只在个人预先开立的“黄金存折账户”上体现，而不必进行实物金的提取，这样就省去了黄金的运输、保管、检验、鉴定等步骤，其买入价与卖出价之间的差额要小于实金买卖的差价。

伦敦金市场是由各大金商、下属公司及投资者间的相互联系组成，通过金商与客户之间的电话、电传等进行交易；在苏黎世黄金市场，则由三大银行为客户代为买卖并负责结账清算。

总体来说，国际现货黄金是一种国际性的理财产品，由各黄金公司建立交易平台，以杠杆比例的形式向坐市商进行网上买卖交易而形成的投资理财项目。

国际现货黄金的特点有：资金利用率高，一手只需保证金1000美元；金价波动大，获利概率大；24小时交易时段，尤其适合上班一族；T+0交易规则，提供多次投资机会；可做多做空，双向赢利；风险可控性强，有限价、止损保障；保值性强，升值潜力大；交易方便，可网上交易，也可以电话委托，交易软件简单易学；无庄家控盘。

5．黄金期货

黄金期货是指以国际黄金市场未来某时点的黄金价格为交易标的的期货合约，投资人买卖黄金期货的盈亏，是由进场到出场两个时间的金价差来衡量的，契约到期后则是实物交割，是一个非常标准的合约。

2008年，上海交易所规定，黄金期货合约交易单位为每手黄金期货为1000克。黄金期货实行的是T+0交易，也就是当天买进当天就可以卖出。黄金期货具有杠杆作用，能做多做空双向交易，金价下跌也能赚钱，满足市场参与主体对黄金保值、套利及投机等方面的需求。当然，黄金期货风险较大，普通投资者参与要谨慎。

黄金期货推出后，投资者一般要向黄金期货交易所的会员经纪商开立账户，签署风险《揭示声明书》《交易账户协议书》等，授权经纪人代为买卖合约并缴付保证金。经纪人获授权后就可以根据合约条款按照客户指令进行期货买卖。

6. 黄金期权

期权是买卖双方在未来约定的价位具有购买一定数量标的的权利，而非义务。如果价格走势对期权买卖者有利，则会行使其权利而获利；如果价格走势对其不利，则放弃购买的权利，损失只有当时购买期权时的费用。买卖期权的费用由市场供求双方力量决定。黄金期权就是以黄金为载体做这种期权。在国内，中国银行首家推出了黄金期权交易，但并未形成具有一定规模的市场。目前，世界上黄金期权市场并不多。

黄金期权也有杠杆作用，金价下跌，投资者也有赚钱机会。期权期限有1周、2周、1个月、3个月和6个月五种，每份期权最少交易量为10盎司。黄金期权风险可以锁定，而名义上获利可以无限。期权投资是以小博大，只要看对了远期的方向，可以用很少的钱，就可以获利；如果看错了方向，无非就是不执行，损失期权费。

在国内投资黄金中，如果纸黄金投资和期权做一个双保险挂钩的投资，就可以避免纸黄金单边下跌被套牢。因为纸黄金只能是买多，不能买空。如果在行情下跌的时候，买入纸黄金被套，又不愿意割肉，可以做一笔看跌的期权。例如：300元买入纸黄金，同时做一笔看跌期权，当黄金价格跌到290元，纸黄金价格就亏损，但是在看跌期权补回来，整体可能是平衡，或者还略有盈利。这个就是把纸黄金和黄金期权联合在一起进行交易的好处。

巧妙应对黄金投资风险

近几年，随着国家一系财经政策的逐步实施，为投资理财市场开辟了更加广阔的发展空间。个人理财热点颇多，而炒黄金便是其中一个。

巴菲特曾说："投资的第一条原则是不要亏损，第二条原则是牢牢记住第一条。"同其他投资产品一样，黄金投资也是有风险的。市场上的黄金投资品种日趋增多，不仅有金条、金币等实物黄金，还有黄金存折、黄金账户等纸黄金业务。投资者面对金市这样一个迅速发展并成为热点的理财市场时，风险意识显得尤为重要。

已过不惑之年的徐明和妻子同在一家私营企业工作，孩子在读大学，家里积蓄10万元。在看了电视上的理财节目之后，徐明也想投资黄金，于是向理财专家请教。

专家听了徐明介绍的情况，建议他做组合投资比较稳妥。具体方案：以目前纸黄金单价160元/克为准，可使用9.8万元购入625克的纸黄金，同时用2000元做一笔价格是155元/克的看跌期权，行权期是一个月。

假设一个月以后，黄金价格到达了165元/克，徐明抛出纸黄金后，获利3060元。届时，他购买的看跌期权，只有行情低于155元/克才能获利，如果执行肯定蒙受损失，所以他必须选择不执行，损失2000元的期权费。这样，他本月的获利为：3060-2000=1060元。

假设一个月之后，黄金的价格出现下跌，并一下跌到155元/克，此时，徐明的纸黄金全部被套，亏损3060元。但同时，看跌期权获利，可以执行，假设期权费是1%，其盈利为6250元，6250-2000-3060=1190元，如此一来整体还能盈利。

若行情下跌到150元/克，纸黄金投资亏损6120元，看跌期权就必须执行，看跌期权还是那2000元钱，但可获利12500元，实际获利：12500-2000-6120=4380元。

通过专家的讲解，徐明彻底明白了黄金投资组合到底是怎么回事，无论是金价上涨，还是降低，组合投资能有效抵御风险，稳稳获得收益。

对于投资者来说，在进入市场之前，理财专家的专业意见便应该是我们的首选，既然自己不是很清楚，那就绝对不能盲目，以免自己的资金打了水漂。

黄金投资有自己的特点。首先，黄金在通常情况下，与股市等投资工具是逆向运行的，即股市行情大幅上扬时，黄金的价格往往是下跌的；反之亦然。当然，由于我国股市目前的行情有其自身的运行特点，黄金与股市的关系也非如此简单，尚需仔细观察。其次，黄金没有类似股票那种分红的可能，如果是黄金实物交易，投资者还需要一定的保管费用。最后，投资者应该了解不同的黄金品种各有哪些优缺点。

因此，投资黄金首先应该着手制定一份黄金交易计划，主要应考虑三个方面：基本面分析、技术分析和资金管理。投资者在新入市阶段学会生存比赚钱更重要，而生存的关键在于掌握有效的资金管理方法和设置止损方案。

首先，切忌满仓操作，因为市场是变幻莫测的，这样做风险往往很大，即使有再准确的判断力也容易出错。因此单品种持仓占用的资金最好能在总资金的1/3以内。

其次，要严格执行止损。黄金的日内金价波动幅度不到2%，根据金价历史波动特点，投资者可将止损位设置在日波动幅度上限附近。对于短线交易的投资者，若日波幅超过5%，就应该将手中头寸获利了结。而对于中长线投资者首先需对行情有大势的判断，然后根据自有资金量设计投入比例，初入期市投资者可以将30%左右的资金投入市场，将盈亏比设定为3：1，当损失达到预期盈利的30%时，马上止损出场。

一份交易计划中，以一次交易为例，需先判断主导市场的基本面因素是哪个，然后分析市场对它的预期，以及预期如何反映在价格上。而技术面上要注意为自己制定什么价格进场，什么价格获利了结，什么价格止损，多少仓位，是日内交易还是趋势交易，盘中遇到突变怎么办等问题。

制定一份交易计划非常重要，交易过程中更要严格执行。

此外，投资者参与黄金市场的过程，就是正确认识风险，学会承担风险，然后对风险进行规避的过程。在投资市场如果没有规避风险的意识，就会使资金出现危机，失去赢利的机会。那么，怎样做才能真正地降低黄金投资的风险？

1．树立良好的投资心态

理性操作是投资中的关键。做任何事情都必须拥有一个良好的心态，投资也不例外。心态平和，思路才会比较清晰，面对行情的波动才能够客观地看待和分析，减少情绪慌乱中的盲目操作，降低投资的风险率。并且由于黄金价格波动较小，投资者在投资黄金产品时切忌急功近利，建议培养长期投资的理念。

2．要懂得黄金交易的规则和方法

在决定投资黄金之前，投资者要对其进行委托代理黄金买卖的银行的实力、信誉、服务以及交易方式和佣金的高低有一个详细的了解。在具体交易中，既可以进行实物交割的实金买卖，也可以进行非实物交割的黄金凭证式买卖，但需要注意的是，实物黄金的买卖成本要略高于黄金凭证式买卖。另外，黄金交易的时间、电话委托买卖、网上委托买卖等都会有相关的细则，投资者都应该在买卖前搞清楚，以免造成不必要的损失。

3．关心时政

国际金价与国际时政密切相关，如国际冲突、国际原油价格的涨跌、各国中央银行黄金储备政策的变动等。形象地说，这是一个有着无数巨人相互对抗、碰撞和博弈的市场，投资者在这里面所要考虑的因素，远远超过股市。因此，投资者一定要多了解一些影响金价的政治因素、经济因素、市场因素等，进而相对准确地分析金价走势，把握大势才能把握赢利时机。

4．选准介入时机

每年的8月中旬至11月，黄金市场最大的消费国印度有多个宗教节日，这将极大地刺激市场对黄金饰品的需求。此外，适逢西方的感恩节、圣诞节和中国的农历新年等传统黄金需求旺季，此时金价也会有一定的上涨空间。

从国际市场上黄金的长期价格走势来看，黄金价格虽然也有波动，但是每年的价格波动通常情况下不大。国际市场上黄金的价格，在八十年代初的时候曾经到达过每盎司855美元的历史高位，后来也曾下探到每盎司257美元的一段时期内的低点。而现在，虽然因为种种原因回升到每盎司350美元左右，但是在高位套牢者却很难在短时间里解套。对于普通投资者而言，选择一个相对的低点介入，然后较长时间拥有，可能是一种既方便又省心的选择。

5. 多元化投资

对于实物黄金投资，投资客户应考虑到回购的问题，首先要想到的就是变现问题，一定要问清卖家能不能实现回购。如果不能实现回购，则该品种可能并不适合投资，只适合收藏。

此外，市面上金条、金币等投资品种的发行主体众多，产品的保值、增值能力也千差万别。一般情况下，中国人民银行发行、中国金币总公司经销的金币保值、增值能力最强，银行发行的投资型金条产品次之。

现货黄金占用资金量少，获利周期短，而且没有变现难的问题。现货黄金避险和获利能力出众，可以24小时随时买卖，投资客户不用跑到金店、银行，更不用担心真伪、保管的问题，具有不可多得的优势，对具有一定经验的投资者而言，是实现多元化黄金投资的首选。

6. 采用套期保值进行对冲

套期保值是指购买两种收益率波动的相关系数为负的资产的投资

行为。

例如，投资者买入（或卖出）与现货市场交易方向相反、数量相等的同种商品的期货合约，无论现货供应市场价格如何波动，最终都能取得在一个市场上亏损的同时又在另一个市场赢利的目的。而且，套期保值可以规避包括系统风险在内的全部风险。

7. 建立风险控制制度和流程

投资者自身因素产生的，如经营风险、内部控制风险、财务风险等往往是由于人员和制度管理不完善引起的。建立系统的风险控制制度和完善管理流程，对于防范人为的道德风险和操作风险有着重要的意义。

8. 选购黄金藏品

黄金原料价格市场波动，黄金藏品的投资价值会不断攀升，因为黄金藏品不仅具有黄金的本身价值，而且具有文化价值、纪念价值和收藏价值。对新手而言，黄金藏品的投资比较稳当。

第十章
房产：房地产行业并不只是男人的俱乐部

〔美〕彼得 · 林奇

不进行研究的投资，就像打扑克从不看牌一样，必然失败！

买房，还是租房

在中国的房地产界和银行界中，广为传播着一个故事：一个中国老太太，60岁时终于挣够了钱买了一套房子；一个美国老太太，60岁时终于还清了购房的货款，而她已经在自己的房子里面住了30年了。这个故事无疑带给人们很多的思考。

特别是近年来随着房地产市场形势的突变，房价节节攀升，犹如吸收了充足雨水和营养的竹子一样节节攀升，买房子对于大多数人来说已经不是那么容易的事了。因此，如今究竟是买房还是租房，已经成为无数年轻人面临的两难问题。

但在传统观念上，如果有人问你租房合算还是买房合算时，大多数人的回答可能都是："有钱，当然是买房合算。""租房子就像为别人打工，而贷款买房则是为自己打工。"谁不想拥有真正属于自己的一个避风港，一个温馨的小窝呢？——租来的房子毕竟不是自己的家。

如果你也想买房，先想一想下面的问题：

（1）你有贷款资格吗？如果没有，那下面的问题就不用考虑了。

（2）你手上有支付首付款的资金吗？

（3）你计划在有意向购买的房子里住多久？如果不到5年，还是不要购买为宜；如果是5到10年，还是可以认真考虑一下；如果是10年以上，那么买房也许是一件很值得的事情。

（4）你对房价的走势有何看法？未来的房市存在着巨大的变量，这是令人痛苦的现实。如果你买房的唯一依据是你认为早晚有一天房价会大涨，那么这个决定其实还是不明智的。

住房本身在日常生活中有着很重要的地位，一方面可以供人们居住，另一方面还可以出租收取租金，而且在经济上升时期升值的速度非常快。此外，还可以拿房地产做抵押贷款，房地产还具有抗通胀、货币贬值等保值作用。投资房地产，待市场大幅上涨时，果断脱手套现，可以获取大笔价差收入。

当然，购房对于每个家庭都是一项十分重大的投资，将直接影响家庭或个人的资产负债情况。而房屋贷款在使人们享受高财务杠杆效益的同时，也令其背负着相当大的还款压力。所以，年轻的女性朋友们在购房时要理性地制定和执行购房规划。

置业是我们的传统，但是现在社会租房的方式也越来越为民众所接受。甚至有人把自己唯一的住房卖了去租房子；一些本来打算买房结婚的年轻人，也重新考虑起租房结婚的可能性。有些人也表示目前更乐意租房子，认为“买房的话，只能是为银行和房地产商打工，天天担心有特殊事情花费，月月都为房子的月供发愁，整个人都被金钱和房子奴役了，这种生活真的很累，精神压力也太大了”。

确实如此，租房并不是“把钱扔进下水道”，租房的生活更为灵活，可以随心所欲租住自己喜欢的地方，而且目前的租金水平也不高，相比买房负担要轻很多。当然，对有购房能力而暂时不买房的人来说，他们之所以敢于跳出固定思维模式，往往与能够发现更好的投资渠道有关。从理财角度出发，这也有其合理的一面。

那么，哪些人适合租房，哪些人又适合买房呢？租房或买房，到底孰亏孰盈？哪个更合算呢？

适合租房的人群主要分为三类：一是初入职场的年轻人，特别是刚毕业的大学生，他们经济能力不强，选择租房尤其是合租比较划算；二是工作流动性较大的人群，如果在工作尚未稳定的时候买房，一旦因工作调动而出现单位与住所距离较远的情况，就会产生一笔不菲的交通成本支出；三是收入不稳定的人群，如果一味盲目贷款买房，一旦出现难以还贷的情况，房产甚至有可能被银行收回。

还有专家算过一笔经济账，以现在的房价，在北京东五环的位置买一套价值200万元左右的房子，首付款要60万元，组合贷款140万元二十年期，月均还款9200多元，每月支付的利息就要3000多元，而同类房子月租金也就2000多元。显然，还银行二十年的借贷利息，相当于甚至高于租二十年房的租金费用。如果再算上装修和首付款的利息，每年节省的资金可能就有上万元。如果将首付款和装修费用投资到收益更高的地方，会不会更加合算呢？另外，对于一些需要大量贷款才能购房的年轻人而言，大量的贷款无疑会抑制他们的发展空间，选择租房可能更适合他们的成长。

相对而言，适合买商品房的人群相对应该成熟一些，包括工作多年、经济实力雄厚的中产阶层。还有些置业升级愿望强劲的购房者，也可以卖掉旧房购置新房，满足对生活品质的追求。此外，准备结婚的新人如果资金不足的话，二手次新房也是不错的婚房选择。

不过，买房需承担较大的财务成本，除了首付款之外，每月还需拿出收入中的一部分来归还银行按揭贷款，这需要相应的资金实力来保证。因此对于买房来说，需要提前认真筹划，不能马虎，否则会让自己陷入被动境地，比如买房后生活质量陡然下降，甚至当上“房奴”。此外，房产作为不动产，除了具有居住这项主要价值属性外，还兼具投资功能。而从长期来看，在一个比较成熟稳定的房地产市场，投资房产的回报率应该围绕着贷款利率上下波动的。

在一些房地产价格保持稳定的发达国家，住房的自有率基本保持在60%～70%这样的水平。而在房地产市场逐渐趋于理性的大背景下，房租支出一般不会低于存款利息，租房和买房都不会出现太大的差异。

总之，究竟是租房还是买房，取决于每个人的生活方式。当然，对于租房买房哪个更适合自己，还要全面考虑生活、工作、将来或现在的子女培养、教育需要等综合因素。

看房子，主要看升值空间

1946年，世界上第一台计算机诞生，它重达28吨，要好几个房间才放得下，造价为当时的48万美元，其运算速度为每秒5000次，这个运算速度甚至还远比不上如今最廉价的手机。为何贬值得如此厉害？皆因相关领域的技术进步，使得生产成本降低。

相比房产，最近几年全国各地的房价都在疯狂涨价。以北京为例，在2006年时北京的平均房价为每平方米8000元，到了2016年上半年签约的项目成交均价达到34847元/平方米。这也是北京楼市2010年以来连续6年的记录里的半年成交均价的最高水平，远远超过了GDP和个人收入的增长速度。同时疯涨的房价也让很多人一跃成为百万富翁，甚至是千万富翁。虽然说，房价都在上涨，但各地房价的涨幅却并不相同，同一个城市不同地段房价的涨幅也相差很大。

2009年，20岁的王铃在大学期间因为经常在外面做兼职，加之长期在外面租房的缘故，她已经明显感受到了北京房价的快速上涨趋势。她将自己兼职赚下的钱取出，并在父母的资助之下，买了一套45平方米的小居室，这成为她新生活的开端。大学毕业后，王铃开始从事房地产工作，由于公司提供免费住宿，王铃干脆将自己的房子租了出去，住进了单身宿舍。

就这样，工作了一年多的时间，王铃手中积攒了7万多元的资金，再加上一年来的房租近2万元，她一共有9万元的资金。具有理财意识的她，将这笔资金投入到了基金和股市中增值。

2013年下半年股市一片大好，王铃手中的股票与基金收益颇丰，她用这笔钱付了首付购买了第二套房产。第一套房子还是用来出租，并且随着房价的上涨，第一套房子的房租差不多足以抵消第二套房子的月供了。

2015年，王铃又贷款购买了第三套房产。随着房价的大幅攀升，王铃手中的三套房产也日益增值，其总价值已经超过了700万元人民币。

众所周知，房产投资是所有理财工具中门槛最高的一项，每一次投入都要十几万元以上。在这个案例中，王铃懂得积累资金，并及时果断出手是她取得如此大收获的重要因素。

在日常生活中，对于普通购房者来说，价格合适、居住舒适等是自住房考虑最多的因素；而投资购房考虑最多的则是房产的升值，包括房屋价格和租金的上涨等。那么，我们又应当怎样去判断自己购置的房产的升值潜力呢?

1. 位置

在诸多影响房产增值的因素中，位置是首当其冲的，是投资取得成功的最有力的保证。房地产业内有一句话叫“第一是地段，第二是地段，第三还是地段”，可见购房地段的重要性。

2. 交通状况

影响房产价格最显著的因素是地段，决定地段好坏的最活跃的因素是交通状况。一条马路或城市地铁的修建，可以立即使不好的地段变好，让好的地段变得更好，相应的房产价格自然也就直线上升。投资者要仔细研究城市规划方案，关注城市的基本建设进展情况，以便寻找具有升值潜力的房产。应用这一因素的关键是掌握好投资时机，投资过早可能导致资金被套牢，投资过晚则可能丧失房产投资的利润空间。

3. 环境

对环境条件的选择首当其冲的就是居住功能的选择，住房的日照、采光、通风等条件和小区景观、绿化等与周围公共设施是否协调，以及是否有空气、污水等污染源都是需要考虑的重点。试想，若所居住的小区傍水靠园，那无疑将是宜居的首选。随着社会经济的不断发展，住房的分布也会遵照城市功能的规划进行安排，如中心的商务区、工业区、文教区，居住旅游区等。小区环境越优越，房产的升值潜力自然就越大。在购房时，要重视城市规划的指导功能，尽量避免选择坐落在工业区的房产。

4. 商圈

这也是决定房价的关键因素，所购房产地处的商圈的成长性将决定该房价的增长潜力。住宅所处的商圈由几部分构成：其一是就业中心区，一个能吸收大量就业人口的商务办公区或经济开发区，就业人口是周边住宅的最大需求市场，这个就业中心区的层次将决定周边住宅的定位，其成长性将决定周边住宅开发在市场上的活力；其二，在离就业中心区三至五公里的地带将集中成一个有规模的、统一规划的成片住宅区，一般要超过四五个完整街区，在就业中心区与住宅区之间有简洁、完整、多样化的交通线路；其三，在住宅区中有一个以大卖场为中心的商业中心，辐射20分钟步程。就业中心区、住宅区、大卖场三者之间将会形成一种互动的关系，与就业中心区的互动成就了住宅区开发的第一轮高潮，而大卖场的选址却是洞悉第二轮增长的关键。

5. 配套

在关注房产本身的同时，还要放眼所购房产的配套设施。衣食住行等日常生活的便利与齐全，是一个好地段的最基本的标志。这些设施包括现有的和即将要实现的。具有升值潜力的房产，超市、餐厅、银行、医院、学校、公园、休闲娱乐等配套设施，不仅应“一应俱全”，而且还要具备一定的档次和品质。配套设施的齐全与否，直接决定着该地段房产的附加价值及升值潜力，同时也是决定着入住后居家生活方面舒适与否的关键因素。

同交通条件类似，配套条件也主要针对城郊新区的居住区而言，在城市中心区域大多不存在配套问题。很多小区是逐步发展起来的，其配套设施也是逐步完成的。配套设施完善的过程，也就是房产价格逐步上升的过程。

6. 物业管理

物业管理是一个楼盘生命的延续。物业管理是指业主委托物业服务企业依据委托合同进行的小区管理，包括房屋维修、设备维护、绿化、卫生、交通、生活秩序和环境等管理项目。这些都会直接影响住户的生活质量，也会直接影响到楼盘的升值空间。

综上所述，房产能否升值以及升值空间有多大，受很多因素的影响。计划投资房产的女性朋友，一定要对投资的房产全面权衡、多方考察，全面了解，看准房产的升值潜力，再下手！

首次买房需谨慎

买房首先应当考虑的当然是预算的问题。2016年2月2日，央行银保监会发布房贷新政：在不实施“限购”措施的城市，居民家庭首次购买普通住房的商业性个人住房贷款，原则上最低首付款比例为25%，各地可向下浮动5个百分点；对拥有一套住房且相应购房贷款未结清的居民家庭，为改善居住条件再次申请商业性个人住房贷款购买普通住房，最低首付款比例调整为不低于30%。住房公积金贷款最低为20%，能够使用住房公积金贷款的一定尽最大努力用上，因为公积金的贷款利率比商业银行贷款低得多，积累二三十年也不是一笔小数目。

对于中国人来说，买房是件大事。买一套房，可能就意味着两代人共同为了一辈子的居住条件买单。付出如此大的代价来购买房，怎么能不谨慎呢？

市民覃小姐2013年购房，开发商的宣传广告上注明，小区内将配套1000平方米的会所，还有数千平方米的绿地供老年人休闲娱乐。交房后，承诺的会所变成了对外经营的酒楼，绿地也变成了停车场。覃小姐气愤地表示，当初选择这个小区，就是看中配套齐全，环境优越宜于养老；现在承诺无法兑现，开发商却以合同未出现相关约定为由拒绝兑现。

这种现象在日常生活中非常常见。购房人一定要清楚，广告及销售人员所承诺的事项在法律上是以书面合同约定为准，购房者在购买商品房时应注意合同上是否标明相应的条款。或者通过留存资料，甚至手机拍照等方式取证，以便于在产生纠纷时更好地维护自身权益。除此之外，以下问题尤其要引起注意：

1. 看准地段

眼见为实，耳听为虚。购房时不要受广告诱惑，要实地考察，同时还要有发展的眼光，更要到国土部门了解城市的规划。有些地段目前较偏，但随着城市的发展，可能只需两三年的时间就变得繁荣；有的地段当时很旺，但未来可能因为一个立交桥便使其优势不复存在。开发商为吸引购房者，往往把自己的地段位置说得过于优越。不知道大家有没有发现，在开发商的广告中，往往会有一行小字："本广告仅做宣传使用，不作为合同邀约。"所以大家应该多做实地考察，多查看政府官网里的城市规划、区域规划等，来辨别广告内容和实际情况的差距到底有多大。

2. 了解开发商口碑

购房者在购房前要查清开发商的背景、主管部门、注册资金及建设部门颁发的房地产开发资格证书等情况。许多房地产公司虽然挂的是国有或合资的大招牌，但实际上是个人所有或个人承包，建设资金完全靠购房者预付的购房款完成楼盘开发。

3.“五证”要齐全

五证是指房地产商在预售商品房时应具备《建设用地规划许可证》《建设工程规划许可证》《建筑工程施工许可证》《国有土地使用证》和《商品房预售许可证》，简称“五证”。现实中有的房地产企业为了资金回笼，在未取得商品房预售许可证前就销售开发的商品房，收取定金和预收房款，实属非法集资。证件不全将产生两种后果：一是开发企业在不可预料（如房价下跌）的情况下，卷款私逃，你所购买的房子将成为烂尾楼；二是没有商品房预售许可证可能是由于房地产企业没有取得土地使用证和规划许可证等证件，这样会导致后期办证难等问题。

4. 理性对待楼盘热卖场景

开发商经常会通过各种活动，让营销中心人声鼎沸。更有甚者，有些楼盘会在销控板上呈现一大片的“已售”场景……这些都是为了让看房人觉得，这个盘很多人看，很多人买！

当你觉得，这个楼盘卖得很好的时候，销售的各种引诱会撩起你的购房冲动。实际上，很多人就是在这种氛围影响下，很快交定金、签合同。所以，大家最好事先到房管局查询楼盘的真实信息，查询楼盘的销售签约情况等是否真如开发商提供的信息。

5. 参观样板房

一些开发商为了使空间看上去更加通透、视觉舒适，往往使用高亮度照明，并打通一些墙体，做成开放型厨房或透明式卫生间，这对于实际居住来说都是不实用的。一些开发商为了让样板间看上去更宽敞，会将样板间做得比实际房间面积大一些。

其实，开发商会在样板间埋很多“障眼法”，比如将样板间的家具缩小，让空间看起来更大。比如，在样板间的厕所、厨房、客厅等多处安装反光的镜面，让一个60多平方米的户型看起来跟80平方米似的。而且，很多时候开发商的样板间都是空地建房，房子卖完了就拆了，到时候业主发现实际房子和样板间不一样，也没证据。

6. 防备规划藏误差

按规定，房屋间距与房屋高度比例最低是1比1，因为房子的间距直接影响着居室采光、通风、视野和绿化。而有的房地产公司为减少成本，追求利润，随意缩小房子的间距，给购房者的居住带来不应有的烦恼，同时也会使得房产的品质和内在价值降低。现实中很多“买一层送一层”“超大赠送面积”等广告铺天盖地很是诱人，其实，你冷静思考会发现，很多时候这些面积的增加却减小了容积率，空间密度会加大，影响居住感觉，而且赠送面积是不会写入合同的，并且没有产权。

7. 提防伪“特价房”

“特价房”在楼市早已不是新鲜事，但“特价”是否真的是“优惠价”，却要打一个巨大的问号。开发商做“特价房”的噱头，一般有两类情况：一种“特价房”价格的确比均价低，但这类房子不乏户型缺陷、朝向缺陷、商业产权（40年）等各种问题；另一种“特价房”则是以促销活动、节庆优惠等各种噱头包装的，在房子原有的优惠空间里做文章，并无实际折扣。

8. 物业收费合理，服务到位

购房时一定要询问物业公司相关情况。你必须要清醒地认识到，一些开发商将低物业收费作为卖点实在没有什么可信度，因为物业收费与开发商根本没有什么太大关系。项目开发、销售完毕，开发商就拔营起寨、拍拍屁股走人了，住户将来长期面对的是物业管理公司。物业管理是一种长期的经营行为，如果物业收费无法维持日常开销，或是没有利润，物业公司也不可能持续，这必将对你未来的生活造成直接影响。

在了解上述内容之后，购房者在确定购房签订合同时还需要注意以下问题：

（1）使用规范的合同文本。一定要参照国家工商行政管理总局和建设部制订的《商品房买卖合同示范文本》（简称《文本》）文件，且不要随意修改。因为《文本》是政府机关制订的，已经很好地平衡了开发商和购房人的权利和义务关系。

（2）相关证明文件有效。如果是买期房（在建、未完成建设、不能交付使用的房屋）要查看开发商是否有预售许可证，并要确认自己所购之房在预售范围内；买现房则要查看开发商是否具有该房屋的大产证（预售许可证之后取得，即由期房变现房了）和《新建住宅交付使用许可证》。并且还要核对一下其营业执照和开发资质证书，要注意这些证照文件的单位名称是否一致。

（3）买期房要约定条件和时限。所谓交房有两个意思：一是房屋使用权即实物交付；另一层是房屋所有权转移即产权过户。应当在预售合同中对实物交付和产权过户均约定清楚，不能接受没有取得《新建住宅交付使用许可证》的房屋使用交付。

（4）明确具体时间和违约责任。对于期房，由于资金不足而延期交房是常有的事，甚至交不了房的都有。购房者在签订购房合同时，一是要写明交房日期，同时注明通电、通气、通车、通水、通邮等条件，要明确双方违约责任，避免日后不必要的麻烦。

（5）检查房屋质量。在签约时，应查看并检查《住宅使用说明书》和《商品住宅质量保证书》的内容，并将《商品住宅质量保证书》作为合同的附件，检查是否有开发商对质量问题的责任。

（6）明确物业管理事项，以及双方约定的物业管理范围和收费标准。

如何买二手房

现在居高不下的房价使得很多人将目光投向了二手房市场。一直以来，二手房都是投资者们的天堂，在这一过程中，投资者必须具备对市场的远见。

2007年，韩娟娟大学毕业在北京工作，父母给她在五环边上买了一套小居室，随着房价的上涨，这套当初不到30万元的房子，价格已经直线上升到了50多万元。欣喜之余，韩娟娟也决定通过投资房产来实现财富增值。经过研究，她在这套小居室升值到60万元时售出。

拿着卖房款，还有平时的储蓄加起来共有70万元现金。她拿出其中的30万元在四环里贷款购买了一套两居室的二手房。剩下的40万元她打算投资到北京周边的房子。经过实地考察，她发现毗邻北京的燕郊镇具有升值潜力，于是，她用40万元在燕郊购买了一套二手大三居和一套二手的两居室两套房子，都直接出租出去。如此一来，她在不降低生活品质的情况下，轻松拥有三处房产了。

2014年，全国房价都在直线上升，燕郊的房价因受北京市政府动迁消息的利好影响更是一路高歌，韩娟娟卖掉了其中的一套两居室，用这笔钱又在紧挨着燕郊的大厂和香河各买了一套二手房。此时，她已经有四套房产了。并且随着京津冀一体化战略的逐步落实，她手上房产总共价值超过500万元！

韩娟娟在北京房价居高不下的情况下，选择了投资价格优惠、升值潜力巨大的周边城市的房产，不失为明智之举。

此外，选购二手房除了注意房屋的产权、质量、交通位置、周边环境、单价、物业管理、升值空间等因素外，如果二手房的买卖是通过中介进行的，因二手房交易引发的纠纷较多。二手房中介的素质参差不齐，选哪家中介进行交易，是需要买房人首要且慎重考虑的问题。

1. 对中介进行全面审查

（1）一家中介公司的经营规模越大，旗下的连锁店面越多，其公司的实力就会越雄厚。

（2）审查中介公司营业执照以确定该公司的营业资质。查看中介公司是否拥有合法的房地产经纪人资质的从业人员，中介公司是否指定有房地产经纪人资格的业务员在为你提供中介服务。拥有资质的从业人员在从事二手房交易过程中如有任何违法或对客户不利的情况发生，有关部门将会对其进行相应惩戒，以保障购房者的权益。

（3）审查中介公司的注册资金。按照规定，中介公司注册资金不能低于买卖一套房子的价格。

（4）审查中介公司与购房者签订的居间合同是否经过备案。二手房交易中对于合同的使用要求就是格式合同应在使用区的工商局进行备案，以及随时接受工商局的审核，这样就能基本保障消费者的权益。

（5）审查中介公司是否有专业的从业人员负责签约并办理相关的后续服务。专业的中介公司一般会设立专门部门从事签订房地产买卖合同、办理过户、贷款、领证等手续。这样既有利于公司内部工作的协调性，又可以保障交易安全。

2. 关注二手房交易中的细节

（1）定金。购房合同对双方当事人都具有法律约束力，任何一方不得擅自变更或解除合同。如果买房人违约在先，卖房人可不退定金。买房人没有以书面方式明确表态不履约，则房主在未解除合同也不退定金的情形下将房子卖给他人的行为就违反了合同，将要双倍返回定金。若买房人提出退房或解除合同，卖房人应要求买房人提出书面解约的申请或声明，以保全对方违约在先的证据，然后才可以将房子卖给第三方。

（2）付款方式。房屋买卖属于大宗交易，双方签订买卖合同时，应对付款流程、方式和时间做出明确、具体的约定。目前中介公司已经与国内银行共同开发了二手房交易资金托管业务，由银行作为担保人。买房人先在银行开设一个经管账户，并将房屋首付款或者全部价款存入该账户。当买房人确定已经安全办理了房屋过户手续后，就可通知银行将该笔存入的房款转给卖房人。这样可以保证资金安全。

（3）不动产权证书。不动产权证书是证明房主对房屋享有所有权的唯一凭证，没有办理不动产权证书对购房人来说有得不到房屋的极大风险，因此购房者需要特别注意以下几点：

①房屋产权是否明晰。如有些房屋是为继承人共有的、家庭共有

的，还有夫妻共有的。购买这样的房子，必须要和全部共有人签订房屋买卖合同，否则无效。

②土地情况是否清晰。买二手房时买房人应注意土地使用性质，看是划拨还是出让。划拨土地一般是无偿使用，政府可无偿收回。同时，应注意土地使用年限。

③福利房屋交易是否受限制。房改房、经济适用房本身是福利性质的政策性住房，转让时有一定限制，买房人购买时要避免买卖合同与国家法律冲突。

④明确房屋的具体情况，签订合同一定要写清房屋的具体情况，如地址、面积、楼层等。对于房屋实际面积与产权证上注明的面积不符的（如测绘的误差、某些赠送面积等），应在合同中约定：是以产权证上注明的为准，还是双方重新测绘面积，必须予以明确。

明确房价具体包括哪些设施。在协议中注明，屋内哪些设施是在房价之内，哪些是要另外计算费用的。如房屋的装修、家具、煤气、维修基金等是否包括在房价之内。注意要把口头的各种许诺，变成白纸黑字的书面约定。

总之，买房子是人生大事，二手房交易尤其需要谨慎。

第十一章
子女教育：为孩子“理”出一个未来

〔中〕李嘉诚

如果在竞争中，你输了，那么你输在时间；反之，你赢了，也赢在时间。

教育理财，宜早不宜迟

“在孩子教育上花的钱越来越多。”这是当前家长们的普遍感觉之一。现在，孩子的教育费用是越来越高，家长们积攒子女教育费用的压力陡增。整体来看，子女教育支出已经成为城市家庭的主要经济支出之一。调查显示，城市家庭平均每年在子女教育方面的支出，占家庭子女总支出的76.1%，占家庭总支出的35.1%，花费了家庭总收入的30.1%。

可以说，子女教育费用已经成为家庭中仅次于购房的一项刚性支出。尽管教育消费如此昂贵，但大多数家长仍无所保留地给子女的教育花钱，如何为孩子准备一笔充足的教育经费成为父母们的心头大事。既然子女教育费用已成家庭理财的第一需求，为人父母者当然就应该尽早规划。

现在很多保险公司都推出了“教育保险”，有储蓄投资的功能，但它更强调的是保障功能。当前教育金保险主要分为三种：一是纯粹的教育金保险，提供初中、高中和大学期间的教育费用；二是针对某个阶段教育金的保险，通常针对初中、高中或者大学中的某个阶段，主要以附加险的形式出现；三是不仅能提供初中、高中及大学的教育费用，还可以提供以后的生存保险。

教育保险兼具储蓄、保障功能，不仅可在被保险人达到一定年龄后按期给付一定金额的教育金，还可为投保人和被保险人提供意外伤害、疾病、身故以及高度残疾等方面的保障。但教育保险短期不能提前支取，早期退保本金会受到损失。

除保险外，基金定投也是家长的一个很好选择，因为这种资金是分期小量进场。价格低时，买入份额较多；价格高时，买入份额较少，可以有效降低风险。对于为子女教育而准备资金的父母而言，这也确实是一种比较适合的中长期投资方式。

由于教育是刚性的支出，家庭在购买基金品种以求教育资金增值时不宜过于激进。如果投资期限在五年以上，可以购买平衡型中较偏股的基金，但随着投资期限的缩短，投资也应该趋于保守，可以逐步将资金转投更偏债的产品。

此外，目前有部分银行也推出了教育理财计划，几种产品滚动推出，家长可以根据子女的年龄和家庭收入的变化，购买不同期限产品，以适合子女在教育方面的开支。不过，教育理财产品都是低风险低收益，增值的潜力相对有限。

总之，教育资金的投资方式多种多样，女性朋友需要多了解，才有机会找到最适合自己的方式。

在规划投资时，首先要计算教育资金缺口，设定投资期间及设定期望报酬率。如果教育费用缺口较大，可以多种理财产品组合投资，积极型投资组合侧重于股票型基金和混合型基金，每月定期定额投资，并分一部分投资债券型基金，也可办理教育储蓄。投资策略应随着目标进行调整，如果先期的积极投资获得较好的收益，可以逐渐将投资组合转为稳健型，投资侧重于债券基金、可转债、银行理财产品等收益适中、风险度低的保本理财产品，降低损失风险。当然，进行教育理财，不要临时抱佛脚，无疑是愈早愈好。

教育理财最重要一点是合理考虑风险收益，在小孩不同的年龄段应选择不同的投资。典型的教育周期为十五年，在周期的起步阶段，父母受到年龄、收入及支出等因素的影响，风险承受能力较强，可充分利用时间优势，做出积极灵活的理财规划。这个时期可以以长期投资为主，以中短期投资为辅，较高风险及较高收益的积极类投资产品可占较高比例，保守类产品所占投资比重应较低。到了教育周期的中后期，则应调整理财规划中积极类产品与保守类产品的比例，使其与所处阶段相适应，以获取稳定收益为主。

教育储蓄，为孩子教育存钱

教育储蓄是指个人按国家有关规定在指定银行开户、存入规定数额资金、用于教育目的的专项储蓄，是一种专门为学生支付非义务教育所需教育金的专项储蓄。

非义务教育，指九年义务教育之外的全日制高中（中专）、大专和大学本科、硕士和博士等的各级教育。教育储蓄采用实名制，开户时，储户要持本人（学生）户口簿或身份证，到银行以储户本人（学生）的姓名开立存款账户。到期支取时，储户需凭存折及有关证明一次支取本息。

相对其他储蓄存款而言，教育储蓄有三点好处：一是家庭可以为其子女（或被监护人）接受非义务教育在储蓄机构通过零存整取方式积蓄资金；二是符合规定的教育储蓄专户，可以享受整存整取利率的优惠；三是国家规定“对个人取得的教育储蓄存款利息所得，免除个人所得税”。

按照有关规定，教育储蓄定向使用，开立教育储蓄的对象必须是中国大陆在校小学4年级（含4年级）以上学生；享受免征利息税优惠政策的对象必须是正在接受非义务教育的在校学生，其在就读全日制高中（中专）、大专和大学本科、硕士和博士研究生时，每个学习阶段可分别享受一次2万元教育储蓄的免税和利率优惠。也就是说，一个人至多可以享受三次优惠。

教育储蓄最低起存金额为50元，本金合计最高限额为2万元。存期分为一年、三年、六年。一般利率是执行相应的整存整取利率：一年期、三年期教育储蓄按开户日同期同档次整存整取定期储蓄存款利率计息；六年期按开户日五年期整存整取定期储蓄存款利率计息。教育储蓄在存期内遇利率调整，仍按开户日利率计息。

2005年《教育储蓄存款利息所得免征个人所得税实施办法》（以下简称《办法》）对正在接受非义务教育的学生身份证明（以下简称“证明”）的印制、领取、开具和使用进行了明确的规定。《办法》规定，教育储蓄到期前，储户必须持存折、户口簿或身份证到所在学校开具证明；证明由各省、自治区、直辖市和计划单列市国家税务局印制，由学校到所在地税务机关领取；证明一式三联，分别由学校留存、提供给储蓄机构、报送主管税务机关；教育储蓄到期时，储户必须持存折、户口簿或身份证和证明支取本息，储蓄机构应认真审核，对符合条件的，给予免税优惠，并在证明上加盖已享受教育储蓄优惠印章。《办法》中特别强调，对违反规定向纳税人、扣缴义务人提供“证明”，导致未缴、少缴个人所得税款的学校，税务机关可以处未缴、少缴税款1倍以下的罚款；对储蓄机构以教育储蓄名义进行揽储，未按规定办理教育储蓄而造成应扣未扣税款的，应向纳税人追缴应纳税款，并对扣缴义务人处应扣未扣税款50%以上、3倍以下的罚款。

总之，教育投资规划是非常重要的。有个好规划，对于要支出多少钱，在什么阶段之前要筹到钱，如何筹钱，心里才会有数，才不至于没有理财规划而误了子女的教育时机。

因此，每个家庭也可以根据自身情况的不同，确立自己的教育储蓄计划。

（1）一次性投资。这种投资方式的做法是在每个学期开学时大概计算一下这学期家庭教育的花销，确定一个总数。但这种投资方式的缺点在于计划往往赶不上变化，一旦出现特殊的情况，比如孩子需要参加某某培训或者活动的话，家长的应对措施往往是被动的。

（2）按月存钱。这种方式最大的好处就在于计划性强，能够有充分的保证。当然这种方法过于机械，灵活性不够强，而且如果没有坚强的毅力往往坚持不了多久，经费就可能会被挪作他用。

（3）树立孩子的理财意识。在日常生活中教育孩子把自己的额外收入，诸如压岁钱等及时存入孩子的银行账户中。这种方式最大的好处并不在存钱的多少，而是有利于培养孩子勤俭节约、有计划生活的好品质。

国家助学贷款，让贫困生顺利完成学业

国家助学贷款是由政府主导、财政贴息、财政和高校共同给予银行一定风险补偿金，银行、教育行政部门与高校共同操作的专门帮助高校贫困家庭学生的银行贷款。借款学生不需要办理贷款担保或抵押，但需要承诺按期还款，并承担相关法律责任。借款学生通过学校向银行申请贷款，用于弥补在校期间各项费用不足，毕业后分期偿还。

2015年7月20日，教育部等部门联合发布了《关于完善国家助学贷款政策的若干意见》（以下简称《意见》）。《意见》表示，为切实减轻借款学生的经济负担，将贷款最长期限从十四年延长至二十年，还本宽限期从两年延长至三年整，学生在读期间贷款利息由财政全额补贴。

一般来讲，中华人民共和国（不含香港特别行政区、澳门特别行政区和台湾地区）高等学校中经济上确实困难的全日制本、专科学生和研究生申请贷款，应由本人向学校贷款审定机构提出申请，提供本人及家庭经济状况的必要资料（一般包括本人学生证和居民身份证复印件、国家助学贷款申请书、家庭经济情况调查表等）向当地的银行申请国家助学贷款。学生在校期间原则上采取一次申请、银行分期发放国家助学贷

款办法。

在申请程序上，一般银行不直接受理在校学生的贷款申请。申请贷款的学生，须在新学年开学前后10日内凭本人有效证件向所在学校指定部门（一般为学生处）提出贷款申请，领取并如实填写《国家助学贷款申请表》《申请国家助学贷款承诺书》等有关材料。学校有关部门负责对学生提交的国家助学贷款申请进行资格审查，并核查学生提交材料的真实性和完整性；银行负责最终审批学生的贷款申请。

全日制普通本专科学生（含第二学士学位、高职学生，下同）每人每年申请贷款额度不超过8000元；年度学费和住宿费标准总和低于8000元的，贷款额度可按照学费和住宿费标准总和确定。全日制研究生每人每年申请贷款额度不超过1.2万元；年度学费和住宿费标准总和低于1.2万元的，贷款额度可按照学费和住宿费标准总和确定。

国家助学贷款的利率，是按照中国人民银行公布的法定贷款利率和国家有关利率政策执行。学生所借国家助学贷款利息的50%由国家财政贴息，50%由借款学生个人负担。

借款学生和经办银行应在签订借款合同时约定还款方式和还款时间。采取灵活的还本付息方式，可提前还贷，或利随本清，或分次偿还（按年、季或月），具体还款方式由贷款人和借款人商定并载入合同。还款时间最迟在毕业后第一年开始。学生所贷本息应当在毕业后四年内还清。经贷款银行同意，国家助学贷款可以办理展期，但逾期国家不再给予贴息。

学生贷款偿还形式：

（1）学生毕业前，一次或分次还清。

（2）学生毕业后，由其所在的工作单位将全部贷款一次垫还给发放贷款的部门。

（3）毕业生见习期满后，在二到五年内由所在单位从其工资中逐月扣还。

（4）毕业生的工作单位，可视其工作表现，决定减免垫还的贷款。

（5）对于贷款的学生，因触犯国家法律、校纪，而被学校开除学籍、勒令退学或学生自动退学的，应由学生家长负责归还全部贷款。

借款学生在办理毕业手续时，应与银行确认助学贷款还款计划。毕业一年内，可以向银行提出一次调整还款计划的申请。助学贷款还本付息可以采取多种方式，可以一次或多次提前还贷。如大学生选择提前还贷，经办银行不得加收除应付利息之外的其他费用。

借款学生毕业后，一定要注意助学贷款的逾期问题。助学贷款的周期为十年，利率按基准利率执行，学生在校期间的利息由国家全额补贴，毕业后，就要自行支付利息。考虑到部分学生出校后不一定能够及时就业，国家还设立了毕业后两年的宽限期，在宽限期内，学生只需要支付利息，不用偿还本金。但由于对政策的不理解，很多学生认为宽限期就是不用还款也不需要支付利息。因此，造成了部分逾期还款的现象。

如果非恶意逾期，可向银行进行解释说明，取消个人的不良信用记录。如果信用报告中确实有负面信息，也不要气馁。这些信息经过一定年限以后就会从信用报告中删除，而且，只要个人在以后的信用活动中做到诚实守信，随着时间的推移，新的良好的记录会逐渐替代旧的负面的记录。

第十二章
退休养老：合理规划养老金，退休生活有保障

〔美〕伯妮斯·科恩

始终遵守你自己的投资计划的规则，

这将加强良好的自我控制！

哪种养老方式最靠谱

什么是“养老”？从理财的角度上说，应该叫退休规划，即建立和管理退休计划，以筹集养老金和安排退休生活成本为目的的专业行为和活动。

首先，我们要对退休后的各项开支做一个合理的估算，再结合生存年龄，进行资金储备。在不考虑通胀和物价上涨的前提下，假如你65岁退休，退休后每月花2000元，按85岁来计算，将需要48万元养老金；如果你身体倍儿棒，活到100岁，那么就需要84万元养老金。这还只是基本的日常开销，但是人到老年，各种休闲、医疗等方面的支出也会相应增加，这些因素也要考虑在内。下面我们就来分析一下目前社会上最常见的几种养老方式：

1. 养老金

有人把社保形容为一口熬粥的锅，年轻时每个月每人固定拿出一碗米倒进锅里。等到老了，每个月固定分到一碗粥。当老了的时候，每个月分到一碗粥是否够用？这是每个老年人都会思考的问题。

大部分在企业工作的职工都会缴纳社会保险，缴满十五年退休之后就可以领取养老金了。养老金领取计算方法如下：

养老金=基础养老金+个人账户养老金

基础养老金=（参保人员退休时当地上年度在岗职工月平均工资+本人指数化月平均缴费工资）÷2×缴费年限×1%

个人账户养老金=参保人员退休时个人账户累计储存额÷计发月数

通过这个计算公式不难发现，如果退休后单纯想依靠养老金生活肯定不太实际，即使可以满足生活的基本需求，生活质量也要下降很多。而且，由于人口生育率的下降，以及平均寿命的延长，我国人口结构将会由目前的金字塔结构转变为钟形结构，处于顶部的老年人群体会更多。甚至有专家统计，到2050年将会变成桶形结构，那时将会出现更加巨大的养老金缺口。

2. 企业年金

企业年金指的是企业及其职工在依法参加基本养老保险的基础上自愿建立的补充养老保险，是现代养老保险体系的第二支柱。我国于2004年5月1日开始试行企业年金制度，但由于企业自身认知程度不够、国家对个人缴费部分税收政策不明确等因素，真正实行企业年金的企业还是比较少的。

3. 养儿防老

“养儿防老”是中国人流传了几千年的传统观念，大多数老年人上了年纪后都会选择投奔儿女，以享受天伦之乐，安享晚年。根据最新数据显示，在我国，目前超过1/3的家庭，老人养老主要依靠子女供养，超过半数老人表示在养老期间期望与子女同住。特别是在广大农村地区，大部分人年轻时不是务农就是在外打工，很少有缴纳社会养老保险的。而且由于这部分群体的收入偏低，积蓄也很少，加之中国人特有的传统，很多老人辛苦积攒了一辈子的钱还要给儿子结婚或是买房用，因此老了之后基本上都没什么保障可谈，只能依靠子女，尤其是儿子。城市里的情况也不容乐观，随着我国第一代独生子女的父母步入老年期，“421”结构（即四个老人、一对夫妻、一个孩子）渐成主流，这无疑大大加重了子女的负担。另一方面，由于生活条件的提高，医疗保障的提升，人均寿命延长，家庭养老压力也是越来越大。

“养儿防老”这种家庭养老模式无疑已被越来越多的残酷现实击破。首先，血缘关系的亲近并不代表一定能得到照顾。另外，如果孩子有家庭，孩子的家庭可能也有自己家的一本难念的经，搞不好还常常出现经济方面的矛盾、纠纷等。这些想必老人及子女都不愿看到。而如果是提早为自己准备，自己理好财，先利己，后利他，则财务的支配权还在自己手上，分不分财产等问题最终都是自己来决定，这样的做法对退休老人来说，无疑会更有尊严。可见，依靠别人还不如先依靠自己，养儿防老是最不靠谱的养老方式。

4. 商业养老保险

商业养老保险作为社会养老保险的补充，是以人的生命或身体为保险对象的，在被保险人年老退休或保期届满时，由保险公司按合同规定支付养老金。尽管被保险人在退休之后收入下降，但由于有养老金的帮助，他仍然能保持退休前的生活水平，可以有效提高老人晚年的生活质量。商业养老保险也可以当作一种强制储蓄的手段，帮助年轻人未雨绸缪，避免年轻时的过度消费。不过商业养老保险的种类五花八门，销售的保险机构也很多，投保人一定要选好适合自己的产品，不要被保险公司员工误导。此外，购买商业养老保险要趁早，不能等到你50多岁快退休了才去买，那时候不仅保费太贵，保障的金额也会少很多，而且很多保险公司都设有年龄限制，很有可能年纪大了就买不了了。

对投保人而言，一份好的商业养老保险只要看它能不能跑赢通货膨胀。2016年，中国通胀率预计在3%左右。换句话说，一款商业养老保险的年均收益率如果达不到3%，那么它肯定不能帮你实现资产保值，也就不是一份值得购买的商业保险了。

5. 以房养老

以房养老是从国外引来的舶来品，是对广大老年人拥有的巨大房产资源，尤其是人们死亡后住房尚余存的价值，通过一定的金融或非金融机制的融会以提前套现变现。

此种方式是以老年人所拥有的房子为资源依据，利用住房寿命周期和老年人生存余命的差异，实现价值上的流动，为老年人在其余存生命期间，建立起一笔长期、持续、稳定乃至延续终生的现金流入。特别是对那些没有经济来源的老人，可以将房子抵押给保险公司以维持其在余存生命期间生活所需的现金。老人去世之后，如果继承人不要求赎回房产，保险公司对房产有优先处置权。

但是，在中国“养儿防老”的观念一直还在影响着这一代老人。老年人对房子看得过重，将自己居住多年的房产抵押出去而不给子女，会让许多老人和年轻人都难以接受。一旦老人做出抵押决定，势必会引起子女们的不满，而对家庭造成不必要的矛盾。因此，以房养老在中国还有相当长的适应过程。

6. 啃老本

《2015中国职工养老储备指数大中城市报告》显示，“养老保险未覆盖人群”主要集中于30岁以下的年轻职工，高达20.1%。也就是说，这个年龄段每5个人中就有1人没有参加基本养老保险。这从养老金“多缴多得，长缴多得”的角度来说，也不利于年轻人年老后的退休生活。可谓“年轻不知‘老’滋味”，缺乏养老储备意识，自认为距离养老还很遥远，自认为年轻时多打拼，积蓄足够的财产，到老了就靠着这笔财富去过活好了。但是要攒多少钱才能维持自己的余生呢？相信很多人对此都没有精算过。并且在通货膨胀之下，资金会越来越贬值。而且未来人的平均寿命会越来越长，你手中积攒的这笔财富到底又能够撑多长时间呢？要知道，“啃老本”终究有一天会把老本给啃完的。

7. 投资理财

老年人实际上已经成为弱势群体，因为他们不再依靠自己的劳动直接创造财富，加之生理上的衰老使得他们的生存能力下降。但是如果他们在退休时已经积攒了一笔财富，并且拥有良好的理财能力，同样可以拥有富足的晚年生活。老年人理财分为三种类型：

（1）保守型。可以拿出总资产的25%投资债券、基金（只考虑债券型或者货币型基金），25%投资保险，剩余的50%储蓄留作日常开支。此方案适于大部分老年人。

（2）激进型。可以拿出总资产的30%投资债券、20%投资基金（可以考虑偏股型基金），20%投资保险，剩余的30%储蓄留作日常开支。这种理财方式比较适合于65岁以内，身体健康（尤其是无心脏病和高血压）、心态平衡的老年人。

（3）均衡型。可以拿出总资产的20%投资股市，30%投资债券、基金，20%投资保险，剩余的30%储蓄留作日常开支。这种理财方式比较适合于70岁以内，身体健康、心理素质较好的老年人。

8. 社会养老服务

社会养老服务是针对我国家庭养老功能弱化，高龄老人和空巢老人增多而需要从社会角度对老年人的帮助服务，是由政府、社会组织、企业、志愿者为老年人提供的各种生活所需的服务。社会养老服务又可以分为基本养老服务（福利性养老服务）、非营利性养老服务和市场养老服务（后两种养老服务也称为非基本养老服务）三大类。非基本养老服务是对老年人生活所需的具有一定幸福指数的享受型服务。但是，当前我国的公立养老院数量还非常有限，远远不能满足人们的需求。在这种情况下，很多人都会被迫去选择一些私人的养老机构，费用自然会昂贵一些，但这些机构也会提供更加完善的服务。值得注意的是，如今各类社会养老机构的水平参差不齐，所以在决定入住之前一定要注意考察其资质。

综上所述，在老年人的生活中，养老的方式有多种，社会养老服务和家庭养老服务相互联系、相互依赖、相互补充、相互促进，共同支撑了老年人晚年的生活生命质量。而且很多情况下，很少人会只用一种方式去养老，更多的都是搭配使用。比如，很多人都会说，“我年轻的时候先攒足够多的钱，到老了就去养老院，一点都不会麻烦子女”，但实际上，在我们周围真正这样做的又有几个人呢？

因此，养老问题要趁早考虑，女性朋友们如果在30岁的时候还没有任何打算就已经晚了。

尽早开启你的理财养老模式

随着我国人口老龄化进程的加快，养老已成为一个越来越严峻的社会问题。

提及养老问题，就不能不提养老金。我们口中常说的养老金，是指由社保发放的养老金，其目标是保证退休人员的基本生活，而不是维持退休后的生活水平不变。针对目前我国的养老金发放现状，大部分人要想保证自己将来仍能过上高品质的老年生活，光靠退休之后的养老金或许远远不够，还得靠自己额外储备一部分养老资金。这就需要我们未雨绸缪，从年轻时就开始进行养老储备，在合理的范围内规划出适当的资金用于投资增值。

如果你现在的收入不高，但是如果每月能把即使很少的一部分收入做定期定额的投资，日积月累，这笔投资的增长率则会随着资产水平的提高而增加。专家建议一个人最晚应该从四十岁开始，以还有二十年的工作收入储蓄来准备六十岁退休后二十年的生活。否则即使你的每月投资已经做到了最佳运用，剩下的时间已经不够让退休资金积累到足够供你晚年享受舒适悠闲的生活。

理财规划越早越轻松。对于老年人来说，选择合理的理财方式也尤为重要。老年人接受新事物的速度、理解的能力、判断的能力可能没那么强，再加上防范意识薄弱，很多骗子都会选择老年人为欺骗的对象。因此，老年人在理财的过程中，一定要多比较、多交流，稳健地投资，并能降低投资发生“意外”的概率。所以老年人应注意以下问题：

（1）切忌轻信他人。现在电视上不止一次报道了类似的新闻：骗子利用过期作废、不可兑换或伪造的债权等，采用串通表演的手法进行诱骗。老年人是他们主要的作案目标。遇到以上情况，一定要先到银行进行鉴定后才可兑换，千万不要因贪小利而被迷惑。

（2）切忌贪图高利。在当前低利率形势下，一些非法分子利用老年人贪图高利的心理，有的声称利率高达20%～30%，以引诱个人资金入股。根据法律规定，超过国家规定贷款利率四倍以上的利率不受法律保护。超高利润投资回报分配不可能维持太久，否则就有非法诈骗的可能。诸如“快速致富”“高回报、零风险”极有可能就是投资陷阱。广大投资者一定要增强分辨能力，拦住利益的诱惑，切莫贪图高利。

（3）切忌盲目为他人担保。有些老人常碍于面子为他人提供经济担保，把储蓄存单、债券等有价证券借给别人到银行办理小额抵押贷款业务。殊不知，一旦贷款到期后借款人无力偿还贷款，银行就会依法冻结你的有价证券用于收回债权。

（4）切忌涉足高风险投资。老年人的应变能力较差，因此不宜选择风险性高的投资方式，如股市、汇市、房地产等，最好还是选择储蓄、国债等有稳定收益的投资。

另外，为了合理规划现有财产，维持现有的生活水平，老年人在安排家庭理财时应该着重注意以下三点：

（1）安全。对于老年人来说，考虑投资的风险大小比投资收益多少更为重要。老年人的积蓄是他们多年积攒的血汗钱，需要应付日常生活及生病住院等开支，是晚年生活的保命钱。因此，安全是老年人理财首先应考虑的问题。

（2）支取方便。虽然老年人的生活开支相对稳定，但他们的身体抵抗力差，随时有生病的可能，所以需要一笔流通方便的资金，用来应对突发事件。

（3）使资产最大限度地增值。老年人不再以通常的劳动形式直接创造财富，他们主要的生财之道就是“钱生钱”。老年人理财不仅对他们自己及家庭有好处，对于整个国家和社会来说也具有一定的积极意义。但是应该提醒的是，老年人理财切记一个原则：“稳”为上策。

下篇

互联网金融理财：小而美的微金融让女人更优雅

中国银行首席经济学家曹远征在“2013·中国金融改革国际论坛”上表示，互联网金融是一个革命。确实，当下腾讯、京东、百度、阿里等科技巨头引领风骚，市场呈现出百花齐放、百家争鸣之势。在互联网金融时代，学习和掌握必要的互联网金融产品无疑可以让女性朋友更加优雅地应对生活中的突发事件。

第十三章
余额宝：善用“宝宝”，小钱存入余额宝

〔美〕沃伦 · 巴菲特

一个人一生能积累多少钱，不是取决于他能够赚多少钱，而是取决于他如何投资理财。人找钱不如钱找钱，要知道让钱为你工作，而不是你为钱工作。

排名第一的理财产品

2013年6月17日，支付宝推出的余额宝，是蚂蚁金服旗下的余额增值服务和活期资金管理服务。余额宝对接的是天弘基金旗下的增利宝货币基金，特点是操作简便、低门槛、零手续费、可随取随用。转入余额宝的资金在第二个工作日由基金公司进行份额确认，对已确认的份额会开始计算收益。余额宝的最大优势在于，用户转入的资金不仅可以获得收益，还能随时消费支取，非常灵活方便。

天弘基金成立于2004年11月8日，2013年，天弘基金通过推出首只互联网基金——天弘增利宝货币基金（余额宝），改变了整个基金行业的新业态。2014年年底，天弘基金公募资产管理规模5898亿元，排名行业第一。余额宝上线不到6天时间用户数量就突破了100万。作为国内规模最大的货币基金，截至2017年年底，余额宝用户已经突破4.74亿。2018年3月29日，天弘余额宝货币市场基金发布2017年年度报告，报告显示，截至2017年12月31日，余额宝总规模1.58万亿元，位居行业第一。

天弘基金是背后服务余额宝的实际产品，用户将钱转入余额宝，即默认购买了天弘增利宝，而用户如果选择将资金从余额宝转出或者使用余额宝进行购物支付，则相当于赎回了增利宝基金份额。

余额宝帮助人们管理现金，让闲钱最大限度地生息，改变了国人闲钱储蓄的理财习惯。如今，余额宝已成为国民理财的神器。目前，余额宝依然是中国规模最大的货币基金。正是由于余额宝的横空出世，拓展了大众理财的渠道，在余额宝强大的资金聚拢效应影响下，各大银行纷纷推出类似余额宝产品以应对挑战，比如平安银行推出“平安盈”，民生银行推出“如意宝”，中信银行联同信诚基金推出“薪金煲”，兴业银行推出“兴业宝”和“掌柜钱包”等。这些银行系“宝宝”军团多为银行与基金公司合作的货币基金。不过，“宝宝”军团的出现，并未影响到余额宝中国第一大货币基金的地位。

目前，余额宝作为“现金管理工具”的定位已经越来越明显。人人网的一份在线调研结果显示，有72%的受访同学将手头多余的钱买了余额宝等新兴的互联网金融理财产品。总体来看，学生们存在余额宝等互联网金融产品中的钱从几百元到几千元不等，少则200元，最多的一个有1.5万元，费用来源或是自己的生活费，或是毕业旅行费用。

从长期来看，余额宝的收益会逐步回归到货币基金较为均衡的收益水平。截至2018年4月，余额宝七日年化收益率达到了4.0340%，这个收益率是目前一年期银行存款利率1.750%的2.3倍。从某种程度上，余额宝可以作为活期储蓄的替代品。

余额宝的特点及风险控制

余额宝适应了互联网金融大潮流的发展，用户使用余额宝就像应用支付宝一样简单、方便。那么，余额宝有哪些特点呢？

1. 高收益

余额宝背后的天弘基金本身从事基金投资，因而余额宝的收益较之同期的银行活期储蓄要高出一大截。

余额宝的收益是按日结算的，计算公式如下：

当日收益=（余额宝确认资金/10000）×每万份收益

2. 购买方便

余额宝是将基金公司的基金直销系统内置到支付宝网站中，用户将资金转入余额宝，实际上是进行货币基金的购买，相应资金均由基金公司进行。就比如我们把钱存入银行就只能得到利息，但是安全系数高；而通过余额宝进行购买基金的话，相应的利润要高，相当于一种投资，它的收益值也是不同的，钱由基金管理，收益是投资收益。

3．安全有保障

不管是支付宝还是余额宝，它最先的保障就是用户金钱的保障，而这也是支付宝一直备受广大用户喜爱的原因。而余额宝同样为用户提高了交易安全，如果用户妥善保管你的账户和密码，你的资金安全基本上就不会出问题。而且为了应对风险的滋长，支付宝母公司浙江阿里巴巴电子商务有限公司已经出资11.8亿元认购天弘基金，以51%的持股比例成为其第一大股东，牢牢掌控自己的金融产品安全，保障用户的利益。

4．操作简单

余额宝的注册和投资流程同传统的理财产品相比，剔除了手续烦琐的弊端，简单快捷、易于操作。而且，用户还可以随时登录客户端进行收益的查询，方便理财。

当然，我们都知道理财收益越高，相对应的风险也会增大。用户将资金转入余额宝就是一种投资行为，那么投资必然也会有风险。余额宝与直接进行基金投资、购买银行理财相比，其最大的优势还是在于资金的流动性高，当天收益当天到账。余额宝的风险主要体现在以下几个方面：

1．市场风险

余额宝的背后是天弘基金的一款货币基金，货币基金对市场利率有很高的依存度，如果央行降低利率，那么货币基金的收益会迅速下降。

2．网络技术风险

由于余额宝和阿里旗下的淘宝、天猫、支付宝都是无缝连接，如果余额宝出现技术漏洞，一旦这种漏洞被黑客破获，那么将是灾难性的损失。一方面账号中的资金有风险，另一方面有可能出现大量挤兑赎回。当然这种风险出现的可能很小，但一旦发生将是无法挽回的。这和一些互联网金融理财产品不一样，一些产品中的资金限定了只能划转到自己绑定的银行卡，这样就为资金提供了多层保障。

对于存在技术漏洞的风险，我们有理由相信，余额宝在系统方面的风险控制在国内是一流的。

因此，我们在使用手机客户端时，要确保自己手里的应用全部安全正常，手机中所有的安全设置要全部使用，比如手机登录密码、手机支付密码，同时个人手机应该也设置复杂度适当的锁屏密码，以确保安全。

总之，女性朋友可以把余额宝当成是一种投资。这是一种通过网络购买基金，从而从中获取收益的一种途径。过去大家习惯去银行存款是因为理财的渠道比较有限，不过近年来随着互联网金融的快速发展，女性朋友可以选择的理财方式越来越多。此外，目前一年期存款利率赶不上通货膨胀率，把钱存在银行只能越来越缩水，负利率时代已经来临。所以，对于保守型投资者或刚进入社会不太会理财的“月光族”，将自己手上的钱投入余额宝是一个不错的选择。

第十四章
理财通：操作方便，更具随心性

〔美〕洛克菲勒

如果你要拥有财富，第一件事先得学会如何依自己的意愿去生活，也就是如何把握你的开销。

收益超活期12倍的理财产品

理财通，是腾讯官方理财平台，是腾讯财付通与多家金融机构合作，为用户提供多样化理财服务的平台。在理财通平台中，金融机构作为金融产品的提供方，负责金融产品的结构设计和资产运作，为用户提供账户开立、账户登记、产品买入、收益分配、产品取出、份额查询等服务，同时严格按照相关法律法规，以诚实信用、谨慎勤勉的原则管理和运用资产，保障用户的合法权益。精选货币基金、定期理财、保险理财、指数基金等多款理财产品。可通过官网、微信、手机QQ三平台灵活操作。

理财通与多家基金公司合作，给用户更多元化的选择。理财通不直接提供金融产品，不参与投资，所以不承担风险。金融机构作为金融产品的提供方，负责金融产品的设计以及与购买理财产品的投资者签约履行投资管理服务，并进行资产配置。用户在理财通购买相关金融产品时，需要了解相关金融产品的投资风险，独立做出投资决策。

理财通可以使用多张银行卡购买，但只能转出到一张银行卡内，且仅可使用安全卡赎回。安全卡就是为了保障理财通账户资金安全，理财通暂不支持支付与转账，理财通第一笔购买使用的银行卡将作为理财通安全卡，资金仅可使用此卡进行赎回。同时，理财通还将对安全卡进行24小时资金监控，确保资金账户安全。

2014年1月22日消息，经过一周的测试，腾讯理财通正式上线。理财通发布的年报显示，截止到2018年1月底，理财通管理的资产累计已经超过人民币3000亿元。腾讯理财通从2014年在微信钱包上线以来，一直定位于精选理财平台，携手传统金融机构在稳健理财产品的基础上，不断丰富产品结构，上线多元化理财产品，陆续推出了“工资理财”“梦想计划”“预约还信用卡”等生活化理财服务。

理财通的产品类别介绍

理财通平台金融产品类别主要有以下四种：

1. 货币基金

这是一种可以随时申购赎回的基金产品，资产主要投资于短期货币工具（一般期限在一年以内，平均期限120天），如国债、央行票据、商业票据、银行定期存单、政府短期债券、企业债券（信用等级较高）、同业存款等短期有价证券。

货币基金整体流动性好于其他基金品种，快速赎回当天发起最快当天到账，普通赎回当天发起T+1日后到账。

货币基金投资安全性高，流动性强，收益稳健，出现亏损的可能性较小。但在一些情况下也可能会出现亏损风险，例如：投资的债券发生违约，不能偿付，可能产生亏损；多数用户同时赎回时，基金短期内需要大量现金兑付，集中抛售债券，可能产生亏损。其风险和预期收益低于股票型、混合型及债券型基金。

目前，理财通货币基金主要有华夏基金财富宝、汇添富基金全额宝、易方达基金易理财、南方现金通E四种产品供客户选择。

2. 定期理财

这是指有固定投资期限的一种基金产品，到期即可赎回。定期理财产品的运作期限一般为1～3个月，支持预约赎回，到期日普通赎回，到账时间为T+1。定期理财相对比货币基金可以获得更高收益，出现亏损的可能性较小。但在一些情况下也可能会出现亏损风险，例如，投资的债券发生违约不能偿付、市场利率上升导致债券价格下降时可能产生亏损。

目前，理财通定期理财主要有民生加银理财月度、招商招利月度理财、银华双月理财等产品供客户选择。

3. 指数基金

这是指由基金公司运作，以特定指数（如沪深300指数、标普500指数、纳斯达克100指数、日经225指数等）为标的指数，并以该指数的成分股为投资对象，通过购买该指数的全部或部分成分股构建投资组合，以追踪标的指数表现的基金产品。一般分为场内交易和场外交易两种类型。通常“指数涨基金涨，指数跌基金跌”。指数基金属于高风险产品，投资风险高于货币基金、定期理财以及保险理财。

目前，理财通指数基金提供易方达沪深300ETF联接、嘉实沪深300ETF联接、工银沪深300指数、南方中证500ETF联接、华夏沪港通恒生ETF联接、易方达恒生中国企业ETF联接等产品供客户选择。

4. 保险理财

保险理财产品是由保险公司发行，受银保监会监管的投资理财产品，主要投资于具有良好流动性的银行存款、短期债券、信用等级较高的类证券化金融产品以及银保监会允许的其他投资产品。保险理财一般包括万能险、投连险、分红险、养老险等，其投资风险高于货币基金。

需要引起注意的是，保险理财不具备保险保障功能，仅为投资者提供专业的投资理财服务，不具备医疗、意外、身故赔付等保险保障的功能。保险理财大多采用定期缴费，缴费满一定年限后，按定期的方式分期返还本息。

目前，理财通保险理财提供国寿嘉年天天盈、平安养老富盈5号、太平养老颐养天天等产品供客户选择。

第十五章
百度金融：让女人平等便捷地获取金融服务

〔美〕江恩

顺应趋势，花全部的时间研究市场的正确趋势，如果保持一致，利润就会滚滚而来！

你的个人金融管家

2013年10月28日，百度理财平台上线。

2014年4月23日，百度理财平台升级为百度金融。

2015年12月14日，百度金融即百度金融服务事业群组（FSG）成立，FSG将百度原有的金融业务进行整合，并将金融上升为百度战略级位置，业务架构基本覆盖金融服务各个领域的全业务版图。

2016年3月11日，百度金融面向教育培训机构启动“教育中国行”活动，为数万学子提供教育信贷支持，成为职业教育分期信贷服务市场的领跑者。

2016年4月29日，在百度Q1财报电话会议上，百度董事长兼首席执行官李彦宏谈及百度金融的发展定位：“百度将在金融服务领域扮演‘改革派’的角色。”

2016年6月22日，百度副总裁朱光正式晋升为百度公司高级副总裁，继续全面负责百度金融服务事业群组。不仅业务进行全面整合，百度金融高管团队也全新升级：前美国运通高级副总裁王劲负责风控，百度历史上首位Fellow孙云丰负责产品策略和体验，大数据专家、前百度网页搜索技术负责人沈抖负责技术研发，国内“大资管”时代业务领军代表人物、原中国光大银行资产管理部总经理张旭阳负责理财和资管，相继担任过陆金所执委、渣打银行中国有限公司董事总经理黄爽负责消费金融。这个团队被外界誉为国内互联网金融最强战队。

百度金融把“连接人与服务”作为新的发展战略，充分利用移动、信息匹配、数据挖掘、流量入口的优势，通过专业化的团队精选多元化的高质量金融产品，为投资者打造一站式的安全、专业、全面的综合金融服务平台。

百度理财投资精选

百度理财是百度金融旗下专业的互联网理财平台，目前包括活期理财、安心理财、成长投资、智能投资管家等核心服务。其中主打的活期与安心理财产品属于低风险产品，让用户能够安心理财、放心投资。此外，百度理财还推出智能投资管家服务，根据用户的个性化理财需求，智能推荐专业的资产配置方案，帮助用户合理管理资产流动、分散投资风险。

1. 百发

“百发”其实并不是一个产品，而是一种互联网金融模式的创新，是一个组合形式的理财计划。

（1）百发100指数，是“百发”系列指数中的第一支产品，全称“广发中证百度百发策略100指数型证券投资基金”，是由百度公司、中证指数公司、广发基金管理有限公司三强合作编制并对外发布的互联网指数。百发100基金创新融合互联网、大数据与量化策略，是国内首只互联网大数据基金，为网民提供投资大数据的获利机会。

百发100源于对互联网海量用户的搜索数据和用户行为数据的挖

掘，百发100的成分股大多集中于基本面优良、契合市场或行业轮动特点等具有稳定业绩回报和投资价值的股票。结合大数据因子设计、制作有效的BFS指数模型进行量化分析，每月调整一次成分股，更敏锐地反映股票搜索热度，其纯正的互联网基因为投资提供更精确的市场风向标。

（2）百发精选，全称“广发百发大数据策略精选灵活配置混合型证券投资基金”。

投钱起点10元起投。百发精选以中证800指数成分建立初选库，既涵盖中证500中小市值成长股，又囊括沪深300大市值价值股，样本均衡。结合百发大数据对高纬度、大规模的复杂数据优异的处理能力，精选出极具投资价值的个股，建立量化模型，实施对冲，快速适应市场变化，化解风险。

2. 百赚

（1）“百赚”是百度理财最新推出的财富增值服务，是百度理财和华夏基金合作推出的一款理财产品（华夏增利货币E）。该产品主要投资于期限在一年以内的国债、央行票据、银行存单等安全性较高、收益稳定的金融工具，不投资股票等风险市场，与股市无直接联系，所以风险较低。

（2）百赚利滚利版。“百赚利滚利版”背后是嘉实的一只货币基金。货币基金是一种较低风险投资品种，它有类似活期储蓄的便利和定期储蓄的收益，具有高流动性、高收益和高安全性的特性，被誉为“准储蓄”。货币基金主要投资银行存款和债券来获得存款利息和债券投资收益，不投资股票，风险较低。货币基金常用的两个评估收益的指标，一个是每万份收益，另一个是七天年化收益率。货币基金购买和赎回均是按1元计价的。目前，百赚利滚利版对购买额是有限制的，每一个账户每一天最多只能购买5万元。

3. 百度有钱花

这是百度金融旗下的消费金融品牌，是面向大众的个人消费金融权益平台，打造创新消费信贷模式。目前已经在多个产业进行探索和布局，其教育信贷业务在国内唯一开通了远程异地预授信的服务，审批速度甚至可以达到“秒批”级别。

（1）教育分期。百度金融自2013年起，面向全国有接受教育意愿的用户提供优质安心的贷款服务，让更多人有机会接受教育，实现自我价值。

（2）家装分期。百度金融面向装修用户提供优质安心的贷款服务，帮助用户解决资金压力，零首付装修你的家。

（3）借现金。百度金融为百度用户提供的信用循环现金贷款，纯信用，无须抵押，申请便捷，审批快速，循环使用，满足您日常消费周转的资金需求。

（4）租房分期。房子是租的，生活不是。租房是一种生活，生活不能凑合。百度金融与300余家公寓共同推出的月付房租的产品，从此押一付一，享受更美好生活。

第十六章 京东小金库：京东金融整合支付业务

〔美〕查理德·德沃斯

成千上万的人自甘穷困潦倒。如果你的周围都是穷人，你也会沉沦，然后在不停的抱怨中了此残生。

万份收益领跑各路“宝宝”

早在2013年7月，刘强东就将金融事业部独立，形成网银在线、供应链金融、消费金融和平台业务四大板块，随后推出了京保贝和京东白条等互联网金融产品。

互联网金融的风生水起也极大地激发了货币基金的发展潜力，据基金业协会最新数据显示，2014年前两月的货币基金规模增长近7000亿元，整体规模已达1.4万亿元，占据公募基金管理总规模的1/4。各大基金公司趁热打铁，加紧与各种电商平台的合作，并逐渐适应“互联网速度”。以小金库对接的鹏华增值宝货币基金为例，采取了闪电募集的方式成立，仅在2014年2月24日发行一天便完成募集，当月27日正式公告成立。

2014年3月28日，京东互联网理财产品——小金库上线。作为京东金融平台的“开门红”，小金库对接的分别是鹏华增值宝货币基金和嘉实活钱包货币基金。从电商到金融，京东个人账户体系由此形成了完整闭环。如今，小金库不仅有基金业务，还会包括信用卡业务、保险业务以及一些银行理财和个人贷款。截至2018年4月，小金库的七日年化收益超过4.6%，在互联网各宝的收益中处于中上游。

小金库是基于京东账户体系的承载体——网银钱包推出的，目的在于整合京东用户的购物付款、资金管理、消费信贷和投资理财需求。小金库将首先服务于京东1亿多的用户，并紧紧围绕京东自身的业务展开。

京东小金库，是由嘉实基金和鹏华基金共同提供的基金理财增值服务，购买京东小金库相当于购买了一只货币基金。其特色有以下几点：

（1）收益按日结算，赚钱轻松快捷。

（2）资金使用方便，随时提现。

（3）安全有保障，京东数据隐私保障，小金库内资金由华泰保险公司全额承保，被盗100%赔付。

京东小金库与阿里推出的余额宝类似，用户把资金转入小金库之后，就可以购买货币基金产品，同时小金库里的资金也随时可以在京东商城购物。京东小金库是京东金融集团为用户提供的个人资产增值服务，让用户的闲散资金也能获得高于普通储蓄的收益。网银钱包是最类似支付宝的一个平台支付体系，不仅积累了大量个人用户，同时能为用户解决理财需求，这标志着京东进一步深入互联网金融。

2015年8月11日，京东金融宣布小金库企业版正式上线，该项业务首先向京东商城POP商户开放，解决短期闲置资金高效利用的问题。与小金库个人版一样，小金库企业版对接的也是鹏华增值宝、嘉实活钱包两款货币基金。起购门槛为0.1元，无购买上限，赎回支持T+1日到账，无限额限制。

京东金融资金业务部负责人刘长宏表示，小金库首先上线的两款货币基金产品分别为嘉实基金的“活钱包”与鹏华基金的“增值宝”。

京东小金库常见问题

京东小金库常见的问题如下：

（1）问：把钱存入京东小金库，收益如何计算？

答：收益=（京东小金库内已确认份额的资金/10000）×当天基金公司公布的每万份收益

京东小金库的收益是每日结算且复利计算收益，获得的收益自动作为本金第二天重新获得新的收益。

（2）问：京东小金库转入，收益何时显示？

答：转入京东小金库的资金在第二个工作日由基金公司进行份额确认，对已确认的份额会开始计算收益，收益计入您的京东小金库资金内，请在份额确认后的第二天15:00后查看收益。

15:00后转入的资金会顺延1个工作日确认，双休日及国家法定假期，基金公司不进行份额确认。例如，周四15:00后转入的基金，基金公司下周一完成份额确认。

（3）问：京东小金库的收益需要缴税吗?

答：将资金转入京东小金库相当于购买货币基金产品。根据《财政部国家税务总局关于证券投资基金税收问题的通知》，对投资者从基金分配中获得的股票的股息、红利收入以及企业债券的利息收入，由上市公司和发行债券的企业在向基金派发股息、红利、利息时代扣代缴20%的个人所得税；基金向个人投资者分配股息、红利、利息时，不再代扣代缴个人所得税。

（4）问：钱放在京东小金库是否安全?

答：京东小金库严格遵守国家相关法律法规，对用户的隐私信息进行严格的保护；京东小金库采用业界最先进的加密技术，用户的注册信息、账户收支信息都已进行高强度的加密处理，不会被不法分子窃取到；京东小金库设有严格的安全系统，未经允许的员工不可获取您的相关信息；京东小金库绝不会将您的账户信息、银行信息以任何形式透露给第三方。

（5）问：钱放在京东小金库是否会亏本?

答：转入京东小金库的资金是购买了基金公司的货币基金。货币基金投资的范围都是一些高安全系数和稳定收益的品种，属于风险较低的投资品种，从历史数据来看，收益稳定风险极小。但货币基金理论上存在亏损可能，请谨慎投资。

（6）问：京东小金库被盗怎么办?

答：转入京东小金库的资金由华泰保险公司全额承保。

（7）问：用什么方式可以把钱转入京东小金库?

答：京东小金库转入支持网银钱包余额及储蓄卡支付付款。目前不支持信用卡网银方式转入京东小金库。

（8）问：京东小金库最少可以转入多少钱？

京东小金库转入单笔最低金额≥1元（可为非正整数）。

根据基金行业历史经验，建议您持有100元以上，可以有较高概率获得收益（若当天收益不到1分钱，系统可能不会分配收益，且也不会累积）。

（9）问：京东小金库转入的金额和次数有限制吗？

答：京东小金库转入嘉实活钱包，单日单笔限额500万元，单日无限次，每月无最大额度限制。

京东小金库转入鹏华增值宝，单日单笔无限额，单日无限次，每月最大额度限制为100万元。

（10）问：京东小金库提现至银行卡或网银钱包有金额和次数限制吗？

答：京东小金库提现至银行卡单笔限额为5万元，单日限次3次，单日限额为15万元，单月累计无限额。京东小金库转出至网银钱包单笔限额为5万元，单日限次为3次，单日限额为15万元，每月最大额度限制为100万元。

（11）问：网银钱包提现至银行卡何时才能到账，有次数限制吗？

答：14:00前提现次日到账，14:00后提现后天到账，每日最多可操作10次。

（12）问：京东小金库转出当天有收益吗？

答：快速转出的资金当天起没有收益，普通转出资金自资金到账日起没有收益。

第十七章
苏宁零钱宝：让女人花钱赚钱两不误

〔美〕巴菲特

要想游得快，借助潮汐的力量要比用手划水效果更好。

苏宁门店的“财富中心”

在了解苏宁零钱宝之前我们先来了解一下易付宝。

南京苏宁易付宝网络科技有限公司，成立于2011年，是苏宁云商旗下的一家独立的第三方支付公司，注册资金1亿元，同年6月取得人民银行颁发的第三方支付业务许可证，并于2012年获得了中国支付清算协会和中国金融认证中心颁发的“中国电子支付业最具潜力奖”。

在苏宁易购的注册会员，同步拥有易付宝账户，可以在苏宁易购上用易付宝直接支付。用户对易付宝账户激活后，即可享受信用卡还款、水电煤气缴费等各种应用服务。目前，易付宝注册会员数超过3000万，年交易量近200亿元，已和全国二十多家主流银行建立了深入的战略合作关系，线上支付覆盖全国100多种银行卡，成为金融机构在电子支付领域最为信任的合作伙伴之一。

易付宝需要实名认证，核实会员身份信息和银行账户信息，通过实名认证后相当于又有了一张互联网身份证，可提高账户拥有者的信用度。

零钱宝是易付宝为个人用户推出的通过余额进行基金支付的服务。

“零钱宝”理财产品首批精选了国内两家资产管理能力排名较前的基金公司——广发天天红货币基金和汇添富现金宝货币基金共同合作研发，于2014年1月15日上线的余额理财项目。

苏宁零钱宝将基金公司的基金直销系统内置到易付宝中，把资金转入零钱宝即为向基金公司等机构购买相应理财产品，为用户完成基金开户、购买等一站式服务，提供1元起存、0手续费和稳健资金收益的理财方式。零钱宝内的资金能随时在苏宁易购用于购物、充话费、缴费、还信用卡和给他人转账，获得理财、增值以及日常消费的整体解决方案。目前不收取任何手续费，且支持实时转出，可“7×24小时”“T+0”提现至银行卡和易付宝账户，让用户的资金更加灵活。

除了以上优势之外，苏宁零钱宝还有以下特点：

（1）收益稳健：零钱宝有着较为稳定的收益。

（2）随时使用：零钱宝内资金可随用随取，也可以转到易付宝账户或银行卡。

（3）安全有保障：它是由银行对零钱宝资金实行全程监管，确保资金安全；易付宝提供全方位的安全保障体系，加倍安心。

（4）管理轻松：零钱宝精选国内实力顶尖的基金公司，资产管理能力更强，多只货币基金可供自由选择，打破同类产品选择单一的缺点，充分保障用户权益。

苏宁零钱宝常见问题

苏宁零钱宝常见的问题有：

（1）问：把钱放在零钱宝和购买其他的货币基金有什么区别呢？

答：把资金转入零钱宝，不但可以获得收益，而且还可以消费支付，且支持实时转出，让用户的资金更加灵活。

（2）问：如果我把零钱宝里的钱用掉一部分，那收益又怎么算？

答：零钱宝里的资金可以随时转出或者消费使用，转出或者消费的金额当天就不计入收益中，收益是每日结算的。

（3）问：什么是七日年化收益率？

答：七日年化收益率，是指货币基金最近七日的平均收益水平换算成一年后计算出的收益值，相当于银行存款时说的年利率。该数据是一个参考值，仅供投资人参考。比如，您看到数字是4.26%，意思是说，按照最近七日收益水平来看，如果您持有零钱宝一年，年化收益率大概就在这个水平，给您做参考用的，如果您要计算账户每日的实际收益，还需要关注“每万份收益”这个指标。

（4）问：什么是万份收益率？

答：万份收益率，是指把货币基金每天运作的收益平均摊到每一份额上，然后以1万份为标准进行衡量和比较的一个数据，它是具体每天计入投资人账户中的实际收益。比如您购买了30000元零钱宝，当天的每万份收益为1.4904元，那么您当天的实际收益就是3×1.4904=4.4712元。

（5）问：把钱存入零钱宝，它的收益是如何计算的？

答：收益=（零钱宝内的资金/10000）×当天基金公司公布的每万份收益

（6）问：零钱宝产品有没有保底收益？是否会亏本？

答：转入零钱宝的资金是购买了一款基金公司的货币基金。开放式货币基金属于风险较低的投资品种，从历年数据来看，发生本金亏损的情况极少，年化收益没有亏损记录。

（7）问：零钱宝的账户资金是否安全？如果易付宝账号被盗了，是不是零钱宝的钱就没了？

答：用户转入零钱宝的资金，是受到易付宝安全保障的。如果用户的易付宝账户经核实确实存在被盗的情况，零钱宝账户中的资金被盗用且无法追回，易付宝将对用户做出补偿。

（8）问：零钱宝中显示的收益是否是当天的收益？

答：零钱宝中显示的是前一天的收益。

（9）问：零钱宝的收益是否每日结算？获得的收益是否自动作为本金第二天重新获得新的收益？

答：是的，每日结算且复利计算收益。

（10）问：用什么方式可以把钱转入零钱宝?

答：转入方式有三种：易付宝账户余额支付、储蓄卡快捷支付和储蓄卡网银支付。大额资金转入，推荐高级实名认证后通过网银支付。

（11）问：零钱宝最低可以转入多少钱?

答：零钱宝转入单笔最低金额为1元。根据基金行业历史经验，建议您持有300元以上。

（12）问：零钱宝里的钱转回易付宝后是否能提现?

答：易付宝支持提现功能，即零钱宝里的钱转回易付宝是可以提现的。

（13）问：零钱宝的转出方式?

答：零钱宝里的资金可通过两种方式实时转出：第一，转出至易付宝账户余额；第二，转出至原转入零钱宝的银行卡（原卡进出）。用户可根据需要来选择操作。零钱宝原卡进出目的是保证理财账户的资金安全。

（14）问：零钱宝转出至银行卡是否有次数和额度限制?

答：转出方式有快速到账和普通到账两种，转出额度和到账时间如下：

快速到账：三十分钟左右到账，每天可以转出三笔，每笔最多5万元；

普通到账：预计T+1日24:00点前到账，每笔最大50万元，不限次数。

（15）问：零钱宝里的钱转出至银行卡是否收费?

答：目前不收取任何费用。

第十八章 平安壹钱包：女人的万能电子钱包

〔美〕索罗斯

重要的不是你的判断是错还是对，而是在你正确的时候要最大限度地发挥出你的力量来！

壹钱包理财和保障

壹钱包，是中国平安保险（集团）股份有限公司旗下平安付推出的移动支付客户端，壹钱包希望给客户提供更多元化、个性化的支付体验及增值服务，成为客户需要的电子钱包。

目前，壹钱包主推活钱宝、壹钱包理财商城和“任性”理财三款主要理财产品。

1. 活钱宝

活钱宝是由壹钱包推出的收益稳健型现金增值服务，把钱转入活钱宝就可获得一定收益。用户实际上是购买了一款由平安大华基金提供的名为“日增利”的货币基金。

活钱宝首次购买最低1元起购，活钱宝内的资金提现到卡，支持T+0即时到账，最快可在一分钟内到账，目前不收取任何手续费。活钱宝转出至壹钱包账户无金额限制。提现到银行卡单笔、单日限额为5万元，单月限额为10万元。支持消费，使用方便，可用于壹钱包商户消费。

壹钱包余额自动对接活钱宝，更方便享受增值收益。收益计算公式如下：

当日收益=（活钱宝账户资金/10000）×基金公司公布的万份收益

2. 壹钱包理财商城

壹钱包理财商城提供基金、银票等多种不同期限、不同收益率产品，资产配置随心搭配，支持各大银行卡。壹钱包账户享有平安保障险。

3. “任性”理财

“任性”理财是由壹钱包推出的理财产品，是一款委托贷款债权转让产品，委托方为中国平安集团100%控股的子公司，因此也更加安全可靠。委托贷款债权人将委托贷款资产通过壹钱包APP平台向债权受让人（壹钱包客户）转让，到期后一次性还本付息。

“任性”理财产品千元起购、投资周期48～290天，灵活可选，到期一次性兑付本息，收益给力、风险低、极具市场竞争力，且购买操作流程简单、安全。

壹钱包的版本也在不断改进与完善，除了涵盖友钱、转账、红包三大核心功能外，还有购物消费、生活消费、话费充值、投资理财等服务应用，更搭乘全新的保障功能，利用平安集团综合金融资源走向纵深。

1. “飞常幸运”航空意外保障

飞常幸运航空意外保障是壹钱包联合中国平安财产保险公司，共同为壹钱包用户推出的定制化保险产品。

飞常幸运航空保障不仅对被保险人因航空意外事故导致的身故、伤残等提供业内最高的500万元理赔金，更在国内首创为航空意外的幸存者提供最高100万元的心灵辅导金和误工休养金，体现了对乘客及其家属的心灵关怀和精神抚慰。

2. “飞常准点”航空延误保障

飞常准点航空延误保障是壹钱包携手中国平安财产保险公司，共同为壹钱包用户推出的定制化保险产品。

购买飞常准点航延保障，被保险人将要搭乘的航班如因恶劣天气、自然灾害、机械故障、航空管制等问题导致起飞延误时间连续超过1小时以上，则每延误1分钟，增加1元赔付。当用户航班延误时，自动启动理赔流程，用户下飞机后即可在壹钱包App内收到理赔款。

3. 波波宝红包乳腺保险

波波宝红包（简称波波宝）是壹钱包与平安养老保险股份有限公司合作推出的为女性量身定制的保险产品。

通过购买或赠送的方式，让女性用户得到充分的胸部健康保险。1元即可享受价值500元的胸部保障，每个女性用户最多能兑换200元波波宝，即获得价值10万元的胸部保障。该产品的主要保险责任为女性乳腺癌；保障期限自兑换的一个月后开始，为期一年。

壹钱包消费及其创新产品

壹钱包支持包括中国移动、中国联通以及中国电信在内的手机话费充值业务，以及部分城市的水电煤气费用，方便人们的基本生活需要。

1. 壹钱包消费/生活

壹钱包商城消费就可享有抵扣、折上折，非常划算；信用卡还款、话费充值、缴水电煤、转账，统统零手续费。此外，用它来购买彩票、电影票也非常方便。另外，壹钱包还能通过店面支付，在合作门店进行消费。

2. 续期宝

续期宝是中国平安旗下壹钱包联合中国平安人寿保险股份有限公司推出的一款创新金融产品。

基于平安寿险用户的续保情况，为用户匹配合适的理财产品并发送邀约，用户同意并申请后，提前一定的时间（3/6/12个月）将资金交予平安付壹钱包理财，到期为用户缴纳足额的保费。

例如，用户原来应缴3000元保费，现提前一定时间，只需缴纳2500元至壹钱包账户，到续缴保费时，壹钱包就自动帮用户转至平安寿险账户，为用户实现定制化理财方案的同时，降低了用户的保费。

3. 借钱宝

借钱宝是壹钱包联合深圳市信安小额贷款有限责任公司，为壹钱包用户提供的信用贷款服务及支付服务。

借钱宝通过壹钱包即可申请，利率低于银行信用卡年化利率，审批流程便捷。

附录
Appendix

小测试：女性的理财观念

做完下面的测试，你对自己的理财观念就会有一个明确的答案。

1. 你和朋友约好碰面，当你到了相约地点后，对方打电话来说会晚三十分钟，你会怎样打发这三十分钟呢？

A. 到书店站着看书或杂志——1分

B. 到百货公司闲逛——3分

C. 到咖啡店喝茶——2分

2. 去外地旅游，进酒店后发现当天是酒店的周年庆，酒店准备了三种礼物送给你，你会选择哪种呢？

A. 晚餐点心附赠蛋糕——3分

B. 下次住宿的九折优惠券——1分

C. 附近著名游乐场的入场券——2分

3. 从下面三项中选出你最想住的房间。

A. 可以按自己的喜好摆设家具、地方宽敞的套房——1分

B. 房间很普通，但有个小阳台——3分

C. 四周房屋低矮，室内阳光充足的房间——2分

4. 在假日里，你最想做哪件事打发时间？

A. 看电视或杂志——2分

B. 打游戏或上网——1分

C. 打电话找朋友聊天——3分

5. 五个朋友相约出游，每个人都要准备午餐，你最想带哪种菜式赴约？

A. 熏酱熟食——3分

B. 蛋糕——2分

C. 煎蛋或油炸食品——1分

6. 打错电话时，你的表现是怎么样的？

A. 自言自语一声“啊，打错了”或是一言不发，挂断电话——3分

B. 马上跟对方说“对不起，我打错了”，然后挂断电话——2分

C. 再次确认“请问电话号码是××吗?”“你不是××吗?”——1分

7. 下列三项家务，哪种是你最讨厌的？

A. 做菜——3分

B. 打扫——2分

C. 熨衣服——1分

8. 公交车里有三个空位，你会选哪个坐下呢？

A. 年纪与你相仿的女士旁边——2分

B. 可以看见相貌英俊男士的那个座位——3分

C. 看起来气质不俗的老年人旁边——1分

9. 和丈夫外出就餐时，你受不了丈夫的哪些行为？

A. 在你说话时不停地打哈欠——2分

B. 偷偷看其他异性——3分

C. 接到朋友电话，讲个不停——1分

10. 早上准备出门，发现钥匙不在平常的地方，你第一个想到的是哪里？

A. 包里——2分

B. 昨天穿过的衣服口袋里——1分

C. 看看是不是掉地上了——3分

11. 你总随身带着一张照片，一逮到机会就向人展示一番，会是下面的哪一张呢？

A. 旅行时拍的照片，风景宜人，配上你灿烂的笑容——2分

B. 跟丈夫的甜蜜合影——3分

C. 孩子的照片——1分

12. 走在路上突然下起雨来，但你必须去某地，时间还很宽裕，你会怎么办呢？

A. 买把伞走过去——2分

B. 打车过去——3分

C. 先找个地方躲雨，静观其变——1分

计分标准

17分或以下为A型，18～24分为B型，25～31分为C型，32分及以上为D型。

测试结果解析

A型：不为所动

你平时就有存钱的好习惯，很擅长省钱之道，就算收入微薄也能妥善管理。但你常常遇到犹豫不决、当用不用的情况，让你老有种爱捡便宜的倾向，现在你该培养当用则用的勇气。

B型：当用则用，当省则省

你对游玩、打扮、必要的开支都舍得花钱，同时也能适度地储蓄，对省钱也颇感兴趣。可你不擅长处理收入骤减的状况，一旦发生这种情况，你就会手足无措。

C型：一旦有目标便意志坚定

你的理财观很马虎，会疯狂购物。不过你一旦设定目标，比如要去旅行或有大笔开销时，就会马上拼命存钱，日常开支也缩到最少。建议多培养没目标也能储蓄的好习惯。

D型：理财观念等于零

你的理财观念几乎为零，凡事不分轻重缓急，常常任意挥霍，不会储蓄。劝你还是未雨绸缪，学习一下勤俭的美德。